KB034862

오늘도 아이에게 화를 내고야 말았습니다

오늘도 아이에게 화를 내고야 말았습니다

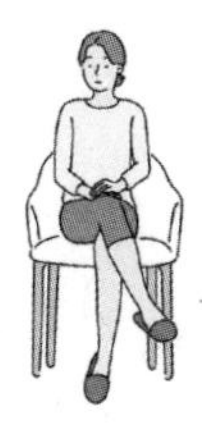

이시다 가쓰노리 지음 | 신찬 옮김

들
어
가
며

잘못인 줄 알면서도
계속 야단치는 이유는 뭘까?

저는 스무 살에 창업한 이후 30여 년간 교육 분야에 종사해 왔습니다. 지금까지 3,500명 이상의 학생을 직접 지도했고 강연회 · 세미나 등 간접 지도까지 포함하면 5만 명 이상의 아이와 부모를 만나 온 셈입니다. 최근에는 마마 카페(Mama Cafe)라는 육아 · 교육 학습 모임도 주재하고 있습니다. 여기에 전국에서 쇄도하는 상담 메일까지 합하면 셀 수 없이 많은 시간을 아이와 관련한 일에 할애하고 있습니다.

덕분에 알게 된 사실도 있습니다. 아이를 야단치는 가정이 매우 많다는 것입니다. 그들 대부분은 그때그때의 감정에 따라 아이를 대하고 있었습니다. 어쩌면 당연한 일입니다. 부모도 사람이니까 감정이 있겠지요. 우린 부모가 성인군자처럼 행동해야 한다고 말하지만 아무도 성인군자처럼 행동하지 못할 거라는 사실을 압니다.

그럼에도 우리는 다음 질문을 곰곰이 생각해 봐야 합니다.

Q. 왜 야단치는가?
Q. 야단을 침으로써 기대하는 바는 무엇인가?

야단쳐서 기대하는 바를 이뤘다면 야단이 효과적이었다고 말할 수 있습니다. 그러나 아무리 야단쳐도 전혀 변화가 없고 오히려 악화만 된다면 야단은 잘못된 방법이라고 생각해야 합니다. 물론 압니다. 감정이 치달은 상태에서 야단을 치지 않고 냉정을 유지하기란 너무도 어렵다는 사실을요.

제가 제안하는 방식은 어수선한 일상에서 벗어나 잠시 동안만이라도 이 책을 읽으며 야단치는 일에 대해 객관적으로 생각해 보는 것입니다. 이 책이 아니어도 괜찮습니다. 야단치는 행위와 관련한 어떤 책이든 좋습니다. 야단치는 행위와 관련한 책을 읽었을 때 기대할 수 있는 효과는 남의 일로 생각할 수 있다는 데 있습니다. 이럴 때 우리는 문제를 다양한 각도에서 바라보며 냉정하게 판단할 수 있습니다.

'나는 왜 야단을 칠까?'
'야단치면 해결되는 문제일까?'

생각한 뒤에 자신의 고민을 들여다보면 구체적으로 해결의 실마리를 찾을 수 있을 것입니다.

2017년 1월 19일에 저는 《도요케이자이 온라인》에 칼럼을 썼습니다. (저는 주기적으로 이곳에 교육 관련 기사를 연재하고 있습니다.) 제목은 아이를 계속 야단치는 사람이 모르는 세 가지 원칙이고, 부제는 어수선한 일상 속에서 잊고 있던 본질이었습니다. (링크는 다음과 같습니다. http://toyokeizai.net/articles/-/154159)

이 칼럼은 지금까지 제가 쓴 50여 개의 칼럼 중에서 가장 큰 반향을 일으켰습니다. 하루 만에 150만, 지금까지 무려 6500만이 넘는 페이지 뷰를 기록하는 등 많은 독자가 예상하지 못한 관심을 보이자 저 자신도 매우 놀랐습니다.

이 책을 읽기 전에 아래 내용을 읽어 보기를 권합니다. 문제에 어떤 식으로 접근하는지 알 수 있기 때문입니다.

"저는 사내아이 둘을 키우는 엄마예요. 초등학교 4학년인 막내 녀석 때문에 속상한 일이 많아요.

막내는 무슨 일을 하든 행동이 느려요. 좋게 말하면 주관이 뚜렷한 마이 페이스고 나쁘게 말하면 자기중심적이죠. 그 아이는 제가 뭐라고 하면 매번 말대꾸를 해요. 제가 수첩에 하나부터 열까지 오늘 할 일을 적어 줘도 본인이 모르면 방치하고 말아요. 학교 공부의 경우 '틀리면 다시 풀면 돼' 또는 '학원 선생님께 물어봐'라고 해도 '어차피 난 안 돼. 쓸데없는 짓이야' 하며 고개를 돌려 버려요. 그걸로 끝이에요.

저도 처음에는 좋게 말할 생각이었어요. 하지만 도무지 말을 듣지 않으니 삐딱한 말이 나올 수밖에요. 앞으로 어떻게 하면 좋을까요?"

사연을 보낸 오카다 씨 입장에서는 매일 속상한 일상의 연속이다. 똑 부러지게 키우려고 애쓰지만 그럴수록 아이의 결점이 점점 더 눈에 들어온다.

오카다 씨만의 문제일까? 아마 어느 집이든 정도의 차이만 있을 뿐 비슷한 상황을 겪고 있을 것이다. 속상한 일 없이 매일 밝고 화목한 집안 분위기면 얼마나 좋을까? 하지만 현실은 그리 쉽지만은 않다.

나 역시 모든 아이가 공부를 좋아하고 모든 가정이 화목하면 좋겠다는 생각 아래 다양한 교육 활동에 임하고 있다. 아이 수첩을 개발하는 일도, 이처럼 연재 칼럼을 쓰는 것도 그리고 1년 전에 시작한 마마 카페라는 학습 모임을 주재하는 것도 모두 아이와 가정의 행복을 위해서다. 돌려 말하면 오카다 씨와 같은 고민에 빠진 가정이 많다는 뜻이기도 하다.

집집마다 문화가 다르다. 가족을 구성하는 개개인도 제각기 다른 개성을 가지고 있다. 이처럼 가족의 모습은 각양각색이라 이웃집에서 통한 방법이 우리 집에서 통하리라는 법은 없다. 그래서 우리가 흔히 선택하는 방식은 '자기 느낌대로'다. 잘될 때도 있지만 반대로 그렇지 못할 때도 있다. 집집마다 사정이 다르기 때문에 일반적인 방법론을 찾기가 여의치 않다.

그럼에도 어느 정도 통용되는 부분은 분명 존재

한다. 우리는 그것을 원칙이라고 부른다. 내가 이야기할 원칙 역시 일반적으로 통용되는 것으로 아이의 자율성을 키울 수 있다는 점에서 오카다 씨가 현재 직면한 고민을 해소하는 데 도움이 될 것이다.

[제1원칙] 가치관이 똑같은 사람은 없다

부모와 자식이 닮은 것은 얼굴뿐이다. 개성과 가치관은 대부분 전혀 다르다.

아이는 부모의 가치관에 따라 자란다. 하지만 성장 과정에서 아이는 아이만의 가치관도 만들어 간다. 부모자식 간에 발생하는 불화와 다툼도 바로 이 가치관 차이에서 비롯된다.

그렇다면 부모자식 간의 불화와 다툼을 해소하려면 어떻게 해야 할까? 단호하게 들리겠지만 부모가 아이의 가치관을 인정하지 않는 한 별다른 해결책이 없다. 아이에게 아무리 부모의 마음을 알아 달라 그러니 변해 달라고 말해 봐야 무리한 요구에 지나지 않는다.

[제2원칙] 강요하는 일은 하지 않는다

인간은 누구나 강요받으면 반발심이 생긴다. 면종복배(面從腹背, 겉으로는 순종하는 척하고 속으로는 딴마음을 먹음)라는 사자성어처럼 억압받으면 겉으로는 복종하는 듯하지만 본심은 다른 데 있다. 잘 지켜보면 알 수 있다. 시키는 일을 하는 수준에 그칠 뿐 자발적으로 자신의 일처럼 하지 않는다면 강요하는 과정에서 생겨난 반발심이 원인이라고 생각하는 게 좋다.

생활습관이나 도덕·윤리적인 문제라면 일정 부분 강요도 필요하다. 하지만 공부에 관해서는 기본적으로 스스로 하고 싶게끔 환경을 조성해 줘야 한다.

한 가지 팁이라면 부모가 매일 즐겁게 생활하는 모습을 아이에게 보여 주는 것이다. 무슨 일이든 긍정적인 면과 부정적인 면이 있다. 매사에 긍정적인 면을 우선시하고 '뭐든 즐겁게 하자!'고 스스로 결심하고 실천하면 아이에게도 이 긍정적인 생각이 전달된다. 아이는 부모의 말과 행동을 따라 하기 마련이니까. 자연히 공부에 대한 아이의 태도에도 영향을 미칠 것이다.

여기서 포인트는 따라 한다는 사실이다. 아이는 부모가 시키는 일은 하지 않아도 부모의 행동은 꼭 따라 한다.

[제3원칙] 누구나 최소한 3가지 장점을 가지고 있다

인간은 최소한 세 가지 장점을 갖고 태어난다. 장점은 장래의 직업이나 삶의 방식을 결정짓는 씨앗이다. 초등학생 때는 찾기 어려울 수도 있다. 그러니 좌절하지 말자. 누구에게나 장점은 반드시 있으니까.

우리가 할 일은 이 씨앗에 물을 주고 햇볕을 쬐어 주는 것이다. 그렇게 아이는 성장한다. 여기서 물이란 맛있고 건강한 식사다. 햇볕은 부모의 웃는 얼굴이다. 그만큼 부모는 위대한 존재다. 웃는 얼굴 하나로 아이를 안심시키고 아이에게 희망을 줄 수 있기 때문이다.

이상 3가지 원칙을 살펴봤다. 어떤 결론에 도달했는가? 오카다 씨에게 할 말은 무엇인가?

나는 오카다 씨에게 사고방식을 바꿔야 한다고 말했다. 이에 그녀는 공손하게 고개를 숙이며 고맙다고 말했지만 어쩌면 속으로는 다 내 탓이라며 자신을 책망했는지도 모를 일이다. 그만큼 어머니의 역할은 쉽지 않다.

우리의 어머니들은 가족의 식사를 책임지면서 아이까지 키운다. 상황에 따라서는 회사에 나가 일도 한다. 이처럼 많은 일을 하며 하루하루를 보내는데 아이가 반항하고 시키는 일을 하지 않는다면 얼마나 속상할까? 어쩌면 화내는 것이 당연해 보이기까지 한다.

그럼에도 상황을 바꾸는 방법은 부모가 바뀌는 것뿐이다. 다른 방도가 없다. 아이를 잘 키우고 싶다면 사고를 전환해야 한다. 지난날은 다가올 날을 위한 거름이라고 생각하고, 앞으로는 어떻게 하면 즐겁고 재미있게 보낼 수 있을지에 주목해야 한다.

물론 이렇게 결심해도 일이 뜻대로 풀리지 않게 마련이다. 그럴 때는 혼자서 고민하지 말자. 부모 모임 등에 나가 긍정적이고 적극적으로 교류하면 도움을 받을 수 있다. 모임에 나가면 집단역학이 작용하기 때문에 집단의 긍정적인 분위기에 동화된다. 핵심은 긍정적이고 적극적으로 교류하는 모임에 나가는 것이다. 부정적이고 소극적인 모임에 나간다면 상황은 더욱 악화될 뿐이다.

칼럼 전문입니다. 어떤가요?

사실 이 글은 3,000자 정도로 매우 짧게 정리되어 있습니다. 간결해서 요지는 알기 쉽지만 설명이 충분하지 않은 부분도 있습니다.

그래서 이번에는 사례와 방법을 추가해서 많은 부모가 보다 쉽게 더 깊이 이해할 수 있도록 꾸며 봤습니다. 더불어 《도요케이자이 온라인》 칼럼을 통해 언급한, 우선순위가 높은 세 가지 원칙에 두 가지 원칙을 덧붙여 총 다섯 가지 원칙으로 구성했습니다. 추가한 두 가지 원칙은 다음과 같습니다.

[제4원칙] 부모는 성장이 멈췄지만 아이는 계속 성장한다

[제5원칙] 타이름이 우선, 야단이나 화는 비상시에만

요컨대 문제의 원인을 눈에 보이는 현상에서만 찾지 말고 다섯 가지 원칙에 근거해서 찾고 해결책을 모색해 보자는 취지입니다. 많은 상담 사례를 담고 있지만 관심 있는 내용만 읽어도 무방합니다.

이 책을 통해 많은 가정이 웃음을 되찾길 희망합니다. 이 책이 아이들이 무럭무럭 자랄 수 있는 세상을 만드는 데 일조한다면 더할 나위가 없겠습니다.

2019년 1월

이시다 가쓰노리[石田 勝紀]

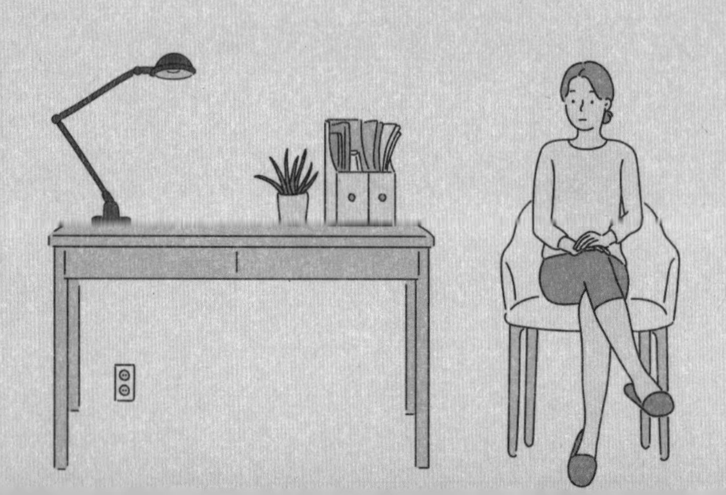

contents

〔 제2원칙 〕

강요하는 일은 하지 않는다

〔 제3원칙 〕

누구나 최소한 3가지 장점을 가지고 있다

〔 제4원칙 〕

부모는 성장이 멈췄지만 아이는 계속 성장한다

〔 제5원칙 〕

타이름이 우선, 야단이나 화는 비상시에만

[마치며]

〔 제1원칙 〕

가치관이 똑같은 사람은 없다

부모의 가치관과 아이의 가치관이 일치한다는 착각

인간은 성장하면서 어떤 일정한 틀에 박힙니다. 사고 방식, 행동 패턴, 표정과 감정을 표출하는 방식 등이 그러합니다. 우리는 우리라는 인간이 만들어지기까지 부모, 형제 나아가 친구나 주거 환경에 영향을 받아 왔습니다.

이 중에서 가장 큰 영향력을 미치는 존재는 당연히 부모입니다. 학설에 따르면 아이의 인격 형성을 결정짓는 요인으로 3세까지의 교육이 중요합니다. (누군가는 10세까지라고 보다 폭을 넓히기도 했습니다.) 이 말인즉슨 어릴 적

환경이 아이의 인격 형성에 지대한 영향을 미친다는 것입니다.

가정에서 많은 영향을 받으며 자란 아이는 당연히 부모를 닮습니다. 내면뿐만 아니라 외형도 닮아 갑니다. 보호자들과 면담을 하다 보면 가장 먼저 드는 생각이기도 합니다. 같은 유전자이니 어찌 보면 당연하겠지요. 잘 들여다보면 표정과 몸짓도 비슷합니다. 아이가 무의식적으로 부모의 표정이나 행동을 흉내 내고 있음을 짐작할 수 있는 대목입니다. 아이들에게 흉내는 지극히 자연스러운 일이니까요.

여기까지는 눈으로 확인할 수 있는 부분입니다. 다시 말해 보호자와 마주하고 눈으로 직접 보기 때문에 알 수 있는 겉모습입니다.

그렇다면 눈에 보이지 않는 부분—사고방식이나 태도 등 내면적인 부분—은 어떨까요? 마찬가지로 알 수 있습니다. 내면이지만 이 또한 보입니다. 부모가 긍정적이라면 아이도 긍정적인 분위기가 풍깁니다. 그 반대도 마찬가지입니다. 부모가 부정적이라면 아이에게도 부정적인 기운이 감지됩니다. (이따금 반대 성향이 나타나기도 합니다. 부모가 지나치게 긍정적일 경우 아이에게 지나치게 부정적인 모습이 보이기도 하는 것이죠.)

여기서 짚고 넘어가야 할 사항이 있습니다. 부모는 무의식적으로 자신을 닮은 아이에게 안도하고 자신과 아이를 동일시하는 경향이 있다는 점이지요. 그렇게 부모는 아이의 가치관이 자신과 같다고 착각하게 됩니다. 부모는 아이가 자신들과 완전히 같은 생각과 행동을 한다고 믿어 버립니다. 정작 부부 간에도 생각과 행동이 일치하지 않으면서 말입니다.

몇몇 부모는 자신의 상상 속에만 존재하는 이상적인 가치관을 아이에게 투영하고 강요하는 모습까지도 보입니다. 같았으면 하는 바람이 종종 이런 행동을 부추깁니다.

도덕적이고 윤리적인 가치관을 세워 주는 일은 매우 중요합니다. 올바른 생활습관으로 이어지니까요. 하지만 인생의 가치관—삶의 방식이나 사고방식—은 그럴 필요가 없습니다. 아니, 개입하면 안 됩니다. 도덕적이고 윤리적인 가치관과 인생의 가치관을 혼동하면 결국 여기서부터 부모자식 간에 다양한 불화가 생기고 맙니다.

부모의 말이
정말로 옳을까?

이제 구체적인 상담 사례를 살펴보겠습니다. 실제 사례이며 읽고 나면 분명 남의 이야기가 아니라고 생각하실 겁니다.

내담자

이시이 씨:

안녕하세요. 저는 중학교 3학년생 남자아이를 둔 부모입니다. 저희 아이는 남의 말을 귀담아듣질 않아요. 학교에서는 선생님이, 집에서는 저희 부부가 아이에게 왜 그러느냐고 물으면 아이는 아무 말도 하지 않아요. 아니, 정확하게는 우물쭈물하며 조용히 혼잣말을 하는 거예요.

학교 방과 후 활동을 하면 달라질 줄 알았는데 오히려 이런 나약한 모습이 그대로 드러나요. 쾌활하지도 못한 데다가 실수는 또 어찌나 많은지!

선생님께 혼나는 일이 점점 많아지자 아이는 학교를 그만두고 싶다고 하더라고요. 그래서 결국 최근에 그만뒀어요. 그런데 친한 친구가 한 명도 없는 것 같아요. 아이에게 특별한 에피소드를 들은 적이 없어요. 재미있는 이야기는 당연히 나오지 않고요. 중학교와 고등학교가 붙어 있는 학교에 다녔는데 성적은 뭐, 나쁘지 않았어요. 하지만 딱 그 정도예요. 공부에 집중하지 못하는 모습을 보이고 꿈도 없는 것 같아요.

우리 아이가 지금처럼 답답한 태도를 떨치고 자신의 의견을 확실히 말하고 스트레스를 발산하는 방법을 익히면 좋겠어요. 그런데 그러기 위해 무엇을 어떻게 해야 할지 모르겠어요. 중학교 3학년이면 민감한 나이잖아요. 대응하는 방법에 대해 상담드립니다.

저자

이시이 씨의 이야기를 들어 보면 아이는 조용하고 얌전한 편입니다. 활기찬 성격이 아닌 거죠. 그런데 어머니는 이런 아이의 성격이 마냥 못마땅합니다. 말씀은 안 하셨지만 몇몇 장면이 상상이 되더군요. "넌 왜 그렇게 느리니?!", "좀 더 확실하게 말해 봐!", "공부해!" 하며 큰 소리로 화를 내는 장면이죠.

여기에는 중요한 문제가 숨어 있습니다. 이시이 씨는 이시이 씨가 생각하는 대로 아이가 행동하길 원하고 있다는 것이죠. 그 바람의 기반에는 아이는 부모가 생각하는 대로 움직여야 한다는 생각이 깔려 있죠.

이는 대부분 부모가 가지고 있는 생각이기도 합니다. 우리의 부모들이 아이를 야단치는 이유이기도 하죠. 자신이 그리는 이미지대로 아이가 따라오지 못하니까요.

전 이시이 씨에게 다음의 원칙을 권했습니다. 만약 이

원칙을 마음속 깊이 새긴다면 결과는 다소 바뀔 수 있다면서요.

[제1원칙]
가치관이 똑같은 사람은 없다

지극히 당연한 말이죠. 하지만 이토록 당연한 말을 우리는 금세 잊어버립니다. 그러고는 눈앞에 있는 아이에게 잔소리를 늘어놓죠. 분명 자신과 가치관이 다른 아이인데 자신과 같길 바라는 마음에서요.

이 원칙을 의도적으로 의식하지 않으면 잠재의식 속에 자리 잡고 있는 '아이는 부모 뜻대로 된다'는 생각이 무심코 입 밖으로 튀어나옵니다. 이것이 바로 부모자식 간의 불화를 야기하는 요인이 됩니다.

이시이 씨의 상담 내용을 다시 상세히 살펴보며 몇 가지 사실을 추가로 만날 수 있었습니다. 혹시 못 찾는 분이 있을 듯하여 힌트를 하나 드리겠습니다. '부모의 말이 정말로 옳은가?'라는 의문을 갖고 접근해 보세요. '혹시 부모가 자기 마음대로 생각하는 것은 아닐까?'라고 질문하며 읽어 보세요.

아직도 찾지 못했다면 저를 따라오세요. 지금부터 이시이 씨의 말을 그대로 인용하면서 설명드릴 테니까요.

"중학교 3학년생 남자아이를 둔 부모입니다. 저희 아이는 남의 말을 귀담아듣질 않아요."

아이가 남의 말을 귀담아듣지 않는 원인이 뭘까요? 이야기가 재미없는 건 아닐까요? 재미없는 이야기는 누구나 귀담아듣지 않으니까요.

어쩌면 이해하지 못했는지도 모릅니다. 이런 경우 어른들은 좀 더 알기 쉽게 이야기해야 합니다. 또 아이가 이해했는지 확인해야 합니다.

그다음 이시이 씨의 고민으로 넘어갈게요.

"쾌활하지도 못한 데다가 실수는 또 어찌나 많은지! 선생님께 혼나는 일이 점점 많아지자 아이는 학교를 그만두고 싶다고 하더라고요. 그래서 결국 최근에 그만뒀어요."

이는 단순히 성향의 문제입니다. 반대로 쾌활한 게 아이에게 좋기만 한 걸까요? 생각해 봐야 합니다.

그리고 쾌활하지도 않은데 실수가 많은 아이라면 부모는 어떤 태도를 취해야 할까요? 당연히 실수하지 않도록 조치해야겠죠? '왜 우리 아이는 실수가 많을까? 어떻게 하면 실수하지 않게 될까?' 생각하면서요.

물론 이시이 씨도 할 말이 있을 겁니다.

"저희 부부가 아이에게 왜 그러느냐고 물으면 아이는 아무 말도 하지 않아요. 아니, 정확하게는 우물쭈물하며 조용히 혼잣말을 하는 거예요."

아이는 잘 모르겠다고 할 수 있습니다. 정말 잘 모를

수도 있으니까요. 그러면 어른인 부모가 함께 고민해야 합니다. 실수가 재발되지 않도록 말이죠.

그럼에도 실수가 이어지면 어떻게 할까요? 포기하지 말고 실수가 생기지 않을 때까지 함께해야 합니다. 이것이 당연한 부모의 역할입니다.

다음 고민을 들어 보겠습니다.

"그런데 친한 친구가 한 명도 없는 것 같아요. 아이에게 특별한 에피소드를 들은 적이 없어요. 재미있는 이야기는 당연히 나오지 않고요."

보통 남자 중학생들은 학교에서 있었던 즐거운 일을 집에서, 부모에게 시시콜콜 이야기하지 않습니다. 오히려 이야기하지 않는 것이 당연하죠.

학교에서 아이가 어떻게 생활하는지 부모는 알지 못합니다. 그 알지 못하는 모습이 아이의 현재 진짜 모습이죠. 분명 아이에게도 친한 친구가 있을 겁니다. 단순히 집에서의 모습만 보고 학교에서도 마찬가지일 거라고 추측해서는 안 됩니다.

"공부에 집중하지 못하는 모습을 보이고 꿈도 없는 것 같아요."

여러분의 과거를 돌이켜 보세요. 중학생 때 꿈을 꿨던가요?

장래 희망이 확실한 중학생은 많지 않습니다. 꿈이 없다고 해서 공부에 집중하지 못하는 것도 아니죠. 만약 공부에 집중하지 못한다면 다른 이유가 있을 겁니다.

사람은 자기 눈에 보이는 현상에서만 원인을 찾는 경향이 있습니다. 그러고는 자신이 납득할 수 있도록 의미를 부여합니다. 우리가 가장 주의해야 할 점입니다.

이시이 씨의 상담 내용을 분석해 봤습니다. 상담 내용이 다르게 보이나요?

앞서 말씀드렸다시피 이 상담 내용에는 부모의 입장이 지나치게 반영되어 있습니다. 부모나 교사 입장에서 아이는 지식도 경험도 없으므로 올바로 성장할 때까지 보살펴 줘야 할 존재에 지나지 않죠. 이시이 씨의 경우 그 태도가 상담에 고스란히 드러났습니다.

이 경우 아이에게 원인이 있는 것이 아니라 어른의 대응에 원인이 있습니다. 의식을 바꾸는 일이 문제 해결의 출발점입니다. 다소 엄격한가요? 하지만 이런 관점에서 출발하지 않으면 어처구니없는 해결책을 세우는 잘못을 범하게 됩니다.

예를 들어 아이에게 원인이 있다고 판단하면 어떻게 될까요? 당신은 쾌활하지 않은 아이를 쾌활하게 만들기 위해서 극기 캠프 등에 강제로 참여시키거나 커뮤니케이션 능력을 가르치는 학원에 보냈을 겁니다. 공부에 집중을 못한다고 판단했으니 억지로 입시 학원이나 개인 지도 학원에 보내는 등 다른 강제적인 수단도 취했겠죠. 하지만 이는 부모가 원하는 틀에 억지로 끼워 맞추려는 시도에 지나지 않습니다. 아이가 일시적으로 부모가 원하는 방향으로 바뀔 수는 있습니다. 하지만 근본적인 문제는 그대로 남아 있습니다. 그리고 외부의 강요가 사라지는 순간 원래대로 돌아가죠. 오히려 반발심만 불러일으켜 악화되는 경우가 생기고 맙니다. 안타깝게도 이런 경우를 수없이 봐 왔습니다.

어른에게 원인이 있다고 생각하고 대응하면 뭐가 다를까요? 먼저 아이에게 쓸데없이 강요하거나 불쾌감을 주는 일이 없어집니다. 아이의 심리 상태에도 주목할 수 있습니다. 즉 부모는 아이가 유쾌한 상태를 유지할 수 있는 환경을 만들기 위해 고민하게 됩니다. 핵심은 공부를 할 수 있는 환경이 아니라 아이의 마음이 유쾌해질 수 있는 환경입니다.

함께 외출해서 놀거나 게임을 하는 것도, 역사를 좋아하는 아이라면 유적지로 나들이를 하는 것도 한 방법입니다. 사춘기라서 부모와 다니기 싫어한다면 방목하는 편이 좋을지도 모릅니다.

이런 고민들을 통해 아이가 원하는 환경을 만들어 줬

을 때 스트레스에서 해방된 아이의 장점이 드러납니다. 공부나 방과 후 활동에 대한 이야기는 이런 환경을 먼저 구축한 뒤에 하면 됩니다.

잠깐~!
정리하기 1

[잘못된 대응]

- 아이를 쾌활하게 만들기 위해서 강제적으로 훈련시킨다.
- 공부하지 않는다고 엄격한 학원에 보낸다.
- 머뭇거리는 아이에게 "왜 그렇게 느린 거야?!", "좀 더 확실하게 말해 봐!", "공부해!"라고 강하게 말한다.

[올바른 대응]

- 아이가 원하는, 유쾌해질 수 있는 환경을 조성한다.
- "앞으로 공부를 어떻게 할 거니?"라는 질문을 던져 스스로 해결하도록 한다. 그 결과 아이가 학원에 다니고 싶다고 하면 큰 효과를 볼 수 있다.
- "어떻게 생각해?", "왜 그럴까?"와 같이 네, 아니오로 답할 수 없거나 정답이 없는 질문을 한다. 이때 아이가 질문에 대답하지 못해도 괜찮다.

어디까지나
존중입니다

두 번째 사례를 소개하겠습니다. 중학생 자녀를 둔 부모라면 한 번은 직면하는 상황일 겁니다.

내담자

이시카와 씨:

안녕하세요. 중학교 2학년인 딸아이의 문제로 상담드려요. 현재 운동부인 아이는 운동을 매우 열심히 해요. 그래서인지 공부는 거의 하지 않고 있지요. 수업 시간에 잔다고 지적도 많이 받았다고 하네요. 그래서 공부하라는 말을 여러 차례 했는데 꿈쩍도 하지 않아요. 좀처럼 제 말을 들으려 하지 않아요.

진로가 정해지는 시기인데 걱정이 많네요. 학교에 가서 고등학교 진학 면담도 해야 하는데 뭐라고 말해야 할지…. 딸아이는 운동부만 계속할 수 있다면 어디든 상관없다는데 부모가 되고 보니 아이의 장래가 걱정되네요. 어떻게 하면 좋을까요?

저자

이런 종류의 상담은 매우 흔합니다. 그만큼 이러한 문제로 고민하는 분이 많죠.

방과 후 활동의 옳고 그름을 판단해야 할 문제는 아닙니다. 그렇다고 방과 후 활동과 공부 중 하나를 선택할 문제도 아닙니다. 문제의 본질은 가치관에 있습니다. 부모와 자식 간 가치관이 다르다는 데 있습니다.

부모는 방과 후 활동보다는 공부가 더 중요한데 아이는 공부보다 방과 후 활동이 더 중요합니다. 사소한 것

같지만 굉장히 큰 입장 차이입니다. 뚜렷한 입장을 가진 부모는 분명한 생각을 가진 자식에게 억지로 공부를 시킵니다. 아이가 공부를 할까요? 아니죠. 절대 하지 않습니다. 오히려 사춘기인 아이의 반발을 사고 말 겁니다.

아이도 부모의 생각을 알고 있습니다. 공부가 중요하다는 것도 어느 정도 인식하고 있죠. 하지만 아이에게 지금 당장 우선순위는 방과 후 활동입니다.

그래서 부모는 서로의 가치관이 어떻게 다른지 인식하는 일을 선행해야 합니다. 그런 후에 아이의 가치관을 이해하기 위한 대화를 시도해야 합니다. 여기서 대화란 서로 확인한다는 의미입니다. 매우 중요한 개념이죠.

핵심은 아이의 이야기를 듣고 비판의 말을 하지 않는 것입니다. 아이의 입을 통해 나온 이야기는 곧 아이의 가치관입니다. 좋고 나쁨으로 판단해서는 안 됩니다.

저는 상담하러 온 부모들에게 항상 이렇게 말합니다.

"일단은 존중하세요."

양보하라는 의미가 아닙니다. 어디까지나 존중입니다. 먼저 아이를 존중한 후에 본인의 생각을 이야기해야 합니다. 이 순서를 지키는 것이 중요합니다.

이상의 단계를 밟았다면 마지막으로 해결점을 찾아보세요. 이때 유효한 질문이 있습니다.

"그럼 어떻게 하면 될까?"

문제에 대해 서로 의견을 주고받는 시간을 갖는 거죠. 이런 방식으로 대화하면 부모도 아이도 어느 정도 납득할 수 있습니다. 그리고 아이의 입에서 이 말이 나올 가능성이 높습니다.

"공부도 필요해."

만약 나오지 않는다면 이 질문으로 넘어가야 합니다.

"방과 후 활동을 정말로 열심히 할 생각이라면 지원이 탄탄한 학교를 함께 찾아보자."

부모가 먼저 진중한 생각을 보이면 당연히 아이도 진심을 보일 수밖에 없습니다. 만약 아이가 '방과 후 활동만 할 수 있다면 아무래도 상관없어'라고 가볍게 생각했다면 이쯤에서 생각이 바뀔 수도 있습니다.

이 단계에서 부모는 아이에게 공부 이야기를 하지 않아야 합니다. 앞 단계에서 공부에 대한 본인의 생각을 전달한 것으로 만족해야 합니다. 그 외의 시간은 아이의 가치관을 존중하는 데 써야 합니다. 부모가 가치관을 말했기 때문에 아이도 부모의 가치관이 무엇인지 알고 있습니다. 그래서 아이는 부모가 본인의 가치관을 존중한다고 생각할수록 미안함에 자신의 가치관을 양보할 가능성이 높습니다.

잠깐~!
정리하기 2

step 1. 가치관의 차이를 인식한다

- 부모: 공부 > 방과 후 활동=친구 관계
- 아이: 방과 후 활동=친구 관계 > 공부

step 2. 아이의 가치관을 이해한다

[잘못된 대응]

- "방과 후 활동과 공부 중 뭐가 더 중요하니?"
- "방과 후 활동도 좋지만 공부도 해야 해."
- "엄마는 공부가 중요하다고 생각해."

[올바른 대응]

- "방과 후 활동할 때 뭘 중요하게 생각해?"
- "방과 후 활동으로 많은 것을 배울 수 있어. 그걸 중요하게 생

각하는 건 좋은 일이야."

- "방과 후 활동을 하는 건 대단한 일이야. 그렇게 매력적이니?"

step 3. 부모의 가치관을 이야기한다

[잘못된 대응]

- "엄마라면 공부도 할 거야."
- "방과 후 활동보다 공부가 더 중요하지 않아?"
- "운동으로 먹고살기 힘들어. 지금 공부하지 않으면 후회할 거야."

[올바른 대응]

- "방과 후 활동도 좋은 점이 있고 공부도 중요하다고 생각해."
- "방과 후 활동을 계속할 수 있는 학교로 진학하려면 시험에도 합격해야 하니까 공부도 해야 해."

step 4. 앞으로 어떻게 할지에 대한 의견을 주고받는다

[올바른 대응]

- “앞으로 어떻게 하면 될까?”
- “방과 후 활동을 정말로 열심히 할 생각이라면 지원이 탄탄한 학교를 함께 찾아보자.”

이제 부모의 틀에서 벗어나도 된다고 느꼈을 때

다음 상담 사례는 자녀 교육이 어느 정도 끝났다고 생각할 시점인 대학생 자녀를 둔 어머니의 이야기입니다. 자식의 의욕과 자신감을 빼앗으면 어떻게 되는지 알 수 있는 사례입니다. 자녀를 교육할 때 부모와 자식의 가치관은 다르다는 사실을 외면하면 어떤 결과를 초래하는지 알 수 있을 겁니다.

내담자

야마다 씨:

안녕하세요. 저는 대학교 1학년생 아들이 있어요. 저는 아들이 대학교에 입학할 때까지 아들이 하고 싶어 하는 일은 못하게 하고 공부만 시켰지요. 성적이 떨어지면 학원을 찾아 보냈고, 생활 태도가 나쁘면 잔소리를 많이 했어요. 그래도 아들은 군말 없이 따르더군요.

문제는 아들이 대학생이 되면서 생겼어요. 정확히는 기숙사 생활을 하면서부터였죠. 그토록 성실하던 아들이 공부도 하지 않고 아무 의욕 없는 모습을 보이기 시작하더군요. 잠깐이려니 했는데 그 모습이 지금까지 이어지고 있어요.

무엇이 잘못인지 알고 있어요. 제 교육 방식이 아이의 의욕과 자신감을 빼앗은 것이죠. 이 문제에 대해 아들과 이야기해 보려 했지만 아이가 거부하더라구요. 더 이상 아들의 마음을 바꿀 수 있는 방법이 없다고 생각하면 가슴이 아파요. 제 아들을 어떻게 대하면 좋을까요?

저자

글로만 봐도 야마다 씨의 심정이 느껴지지 않나요? 직접 대면한 상담자는 어땠겠습니까? 야마다 씨는 실제로 매우 괴로워했습니다. 자신의 잘못된 교육이 자식을 무기력한 인간으로 만들었다고 생각했으니까요.

하지만 야마다 씨가 해 온 일들이 모두 잘못된 것은 아닙니다. 예를 들어 성적이 떨어지면 학원을 찾고, 생활 태도가 나쁘면 잔소리를 하는 행동은 어느 가정에서나 볼 수 있는 모습입니다.

문제는 아이를 대하는 태도에 있습니다. 강요했을 가능성이 상당히 크죠. 분명 아이의 '자기 긍정감'을 끌어올리고 싶었을 텐데 오히려 끌어내리고 만 격이죠.

이 사례도 앞의 사례들과 마찬가지입니다. 행동이 부모를 닮는다는 이유로 부모의 가치관을 아이에게 주입시킨 겁니다. 아이가 조금이라도 가치관에서 벗어나면 부모는 억지로 본인들의 틀에 끼워 맞추려고 했을 겁니다. 이렇게 틀에 끼워 맞춰진 생활을 해 오던 아이는 부모의 틀에서 벗어나도 된다는 허락이 떨어지는 순간 부모의 손길이 닿지 않는 곳으로 떠나 만사에 의욕을 상실한 사람이 되어 버렸습니다.

전 야마다 씨에게 이렇게 말했습니다.

"늦지 않았습니다."

그러고는 다음과 같이 덧붙였습니다.

"'아이가 건강하게 사는 것만으로도 행복하다'라고 생각하세요."

아이가 의욕 없는 상태를 오랫동안 지속하고 있다는 소식은 부모 입장에서 분명 나쁜 소식입니다. 이 나쁜 소식이 좋은 소식이 되기 위해서는 의욕 없는 상태를 의욕 있는 상태로 바꾸면 됩니다.

그렇다면 어떻게 바꿀 수 있을까요? 바로 사고를 전환하는 겁니다. 큰 틀에서는 부모의 가치관을 바꾸는 것이죠.

이렇게 생각하고 아들을 만나면 긍정적으로 대화할 수 있습니다. 불안과 걱정을 안은 채 아들을 마주해 봤자 아들은 민감하게 반응할 뿐입니다. 부모가 충분히 행복한 마음을 갖고 있으면 아이의 마음속에도 안심이 싹틉니다. 부모의 감정은 아이에게 쉽게 전파되기 때문이죠.

물론 단기간에 되지는 않을 겁니다. 다소 시간이 걸릴 테지만 분명한 건 사태는 호전됩니다.

지금까지 '이래야 한다'고 생각했다면 이제는 '이대로 만족한다'고 발상을 전환해 보세요.

"만족할 줄 알아야 한다."

중국 춘추전국시대의 사상가인 노자의 말입니다. 부족한데도 만족하라는 의미가 아닙니다. 사실 건강하게 사는 것도 행운입니다. 하지만 우리는 모르고 삽니다. 다시 말해 만족은 마음 깊은 곳에서 진심으로 느꼈을 때

표출되는 감정입니다. 이 감정은 발상을 전환했을 때 느낄 수 있습니다.

야마다 씨는 의욕 없는 아들로 만들었다고 후회하기보다는 아들을 건강하게 키운 데 대해 기뻐할 필요가 있습니다. 이 역시 사고의 전환입니다. 이런 생각과 마음가짐으로 아들을 대하면 아들도 조금씩 변할 겁니다.

문제는 대화가 안 될 때입니다. 우리는 커뮤니케이션 양에 비례해 신뢰 관계를 구축합니다. 일반적으로 껄끄럽거나 비호감인 상대와는 이야기하고 싶어 하지 않죠. 그들과는 커뮤니케이션의 양도 적을 수밖에 없습니다.

만약 이들과 문제가 생기면 어떻게 될까요? 직접 대면하고 대화를 나누기보다는 뒷담화로 서로를 비난하기에 바쁠 겁니다. 결국 의심이 의심을 낳는 상황으로 번집니다. 이 정도까지 오면 절대로 신뢰 관계를 구축할 수 없게 되죠.

반대로 커뮤니케이션을 자주 하면 서로에 대한 신뢰가 조금씩이라도 쌓일 수밖에 없습니다. 다소 문제가 생겨도 건설적으로 해결 방법을 모색할 수 있습니다.

부모자식 간에도 마찬가지입니다. 평소 커뮤니케이션을 많이 하는 가정은 가족 간의 신뢰도가 높습니다. 이들은 문제가 생겨도 건설적인 방향으로 해결 방법을 모색합니다. 갈등이 오래가지 않습니다.

하지만 반대가 더 많죠. "부모님과 대화를 자주 하니?" 하고 아이들에게 물었을 때 십중팔구 다음과 같은 대답이 되돌아왔으니까요.

"아니요. 대화 자체가 안 되는데 어떻게 해요?"

부모라고 다를까요?

"사춘기 사내아이라서 이야기하려 하지 않아요. 어떻게 할까요?"

부모자식 간의 분위기가 냉랭하다면 어색함을 누그

러뜨리는 데 시간이 필요합니다. 이럴 때는 문제의 초점에서 벗어난 별개의 주제로 이야기하는 것이 좋습니다. '사춘기 사내아이는 어떻다'는 본인만의 고정관념을 앞세워 억지로 대화를 시도하지 말고 서서히 어색함을 줄여 나가는 게 중요합니다.

일상적이고 아무렇지 않은 주제로 말을 걸어 보는 것도 한 방법입니다. 이때 간접화법을 활용하면 더 효과적입니다. 간접화법이란 자신의 일을 남의 일처럼 이야기하는 방법입니다. 아이가 관심을 보일 만한 주제로 긍정적인 반응을 기대할 수 있는 내용을 구성하는 게 핵심입니다.

만약 아이가 게임에 빠져 있습니다. 직접화법으로 말한다면 이렇게 말할 겁니다.

"게임만 하면 머리 나빠져."

이 상황에서 간접화법으로 아이에게 이야기해 봅니다.

"요즘 게임은 꽤나 재미있어졌구나!"

이번엔 앞의 사례처럼 아이가 방과 후 활동만 열심히 합니다. 나도 모르게 이렇게 말을 내뱉을 수 있을 겁니다.

"방과 후 활동과 공부, 둘 다 잘하는 아이는 대단해!"

간접화법인 듯하지만 아이 입장에서는 불쾌감을 받지 않을 수 없을 겁니다. 그래서 이렇게 말합니다. "방과 후 활동을 지도하는 선생님은 꽤나 힘들겠구나." 일부러 선생님 이야기를 한다거나 "방과 후 활동을 열심히 하면 인내력을 기를 수 있대"처럼 장점을 언급하는 거죠.

처음부터 아이가 반응을 보일 거란 기대는 하지 마세요. 오히려 그래도 상관없다는 태도를 유지해야 합니다. 신뢰 관계를 구축하는 단계에서는 아이가 잘못해도 강요나 지적은 금물입니다. 강요나 지적을 하는 순간 아이는 더욱더 마음의 문을 닫을 수 있습니다.

이런 가벼운 느낌의 일상적인 대화는 조금씩 어색한 분위기를 누그러뜨려 줍니다. 해소되면 앞서 살펴본 과정을 밟으며 이야기를 나누면 됩니다.

〔 제2원칙 〕

강요하는 일은 하지 않는다

시키는 일에
머뭇거리지 않는 우리

우리는 어떤 일이든 억지로 시키면 좋지 않은 결과를 초래한다는 사실을 잘 알고 있습니다. 그런데도 우리는 시키는 일에 머뭇거리지 않습니다. 시킴을 당할 때는 그토록 싫은 기색을 내비치던 사람들이 시킬 때는 아무 거리낌 없이 행동합니다.

시간이 지나고 한참 후에 깨닫기는 합니다.

"해서는 안 될 말인 줄 알면서도 저도 모르게 '공부해!'라는 말이 튀어나와요."

"입장 바꿔 생각하면 기분 나쁘다는 걸 알면서도 강요하는 습관을 고칠 수 없어요."

이 고민이 차지하는 비율은 거의 전부라고 해도 무방할 정도입니다. 즉 대부분 상담 사례의 원인은 강요인 것이죠.

자녀 교육에 대해 말하고 있지만 우리 생활 곳곳에도 강요라는 단어는 끊임없이 붙어 다닙니다. 회사는 어떨까요? 아랫사람을 야단치지 않는 사람은 아마 없을 겁니다. 야단친 적이 없다면 한두 번은 그게 아니란 걸 알면서도 표면상 강요처럼 되고 만 경험이 있을 겁니다. 또는 강요할 의도는 없었지만 상대가 강요처럼 느끼는 경우도 있을 테죠. 그래서 납득하지 못한 채 비자율적으로 업무를 진행해서 결과적으로 성과가 현저히 떨어진 적이 있을 겁니다.

선량한 의도로 한 행동이 결과적으로 회사의 매출에

악영향을 미치는 사례는 매우 흔합니다.

저는 최근에 상장 기업에서 사원 교육도 병행하고 있습니다. 그곳에서 듣는 이야기도 앞서 언급한 내용과 다르지 않습니다.

사원 교육도 자녀 교육과 마찬가지로 지켜야 할 근본 원칙은 같습니다. 그래서 제2원칙은 어떤 상황에서든 대입할 수 있는 원칙이라고 할 수 있습니다.

[제2원칙]
강요하는 일은 하지 않는다

사례를 통해서 제2원칙을 이야기해 보겠습니다.

강요하는 과정에 진정성은 없습니다

내담자

이시카와 씨:

안녕하세요. 저에게는 초등학교 5학년인 딸이 있어요. 우리 아이는 수학 수업을 따라가지 못해요. 아니 따라갈 생각이 없어요. 숙제도 해답을 보면서 대충 해치워 버리니까요. 의욕이 전혀 없는 거죠.

아이의 그런 모습을 보면 절로 화가 치솟아요. 전 그 화를 참지 않고 매일 표출하고 있어요. 결과적으로 화를 내니까 아이가 움직이긴 해요. 그런데 그때뿐이에요. 발전이 없어요.

싫은 일은 무조건 미뤄요. 급해지면 그제야 서두르고요. 이런 아이의 모습을 어떻게 고칠 수 있을까요? 아이의 집중력을 키우려면 어떻게 해야 할까요?

저자

이시카와 씨는 아이의 집중력에 문제가 있다고 생각합니다. 하지만 그 전에 이시카와 씨가 생각해야 할 게 있습니다. 왜 이런 상태가 되었을까요? 그 원인에 초점을 맞춰야 합니다.

아이가 수학 수업을 따라가지 못하는 이유는 초등학교 1학년부터 4학년까지 수학 과정을 제대로 익히지 못했기 때문입니다. 초등학교 5학년 과정을 이해할 수 없으니 당연히 재미있을 리가 없죠. 아이가 숙제를 대충 해치우는 것도 이런 이유에서입니다.

그리고 싫은 일을 미룬다는 지적을 하기 전에 본인을 되돌아보세요. 본인은 안 그런가요? 사람이라면 누구나 경험하는 일입니다. 아이는 초등학생이니 그런 경향이 더욱 강할 수밖에 없습니다.

이시카와 씨는 근본적인 문제가 아이의 수학 과목 진도에 있다는 것을 깨달아야 합니다. 어쩌면 알고 있을지도 모르죠. 단지 눈앞에서 이런 상황, 아이가 숙제를 질질 끌며 대충하는 등 의욕 없는 모습을 보이자 자신도 모르게 야단치고 마는지도 모릅니다. 하지만 분명하게 말씀드리면 그럴 경우 상황은 점점 나빠지고 악순환이 되고 맙니다.

그래서 우선적으로 강요하는 일은 하지 않는다는 제2원칙을 받아들여야 합니다. 강요하는 과정에 진정성은 없습니다. 강요 없이 공부할 수 있는 방법을 찾아야 합니다.

구체적으로 어떻게 해야 할까요? 제2원칙인 '강요하는 일은 하지 않는다'를 생각하면서 다음 과정을 밟아 봅시다.

Step 1. 문제를 쉽게 풀 수 있는 수준으로 내린다

아이가 쉽게 풀 수 있는 수준의 문제를 주고 아이가 해결하면 다음과 같이 말해 주세요.

"이걸 풀었으니까 다음 문제도 풀 수 있어."

비록 초등학교 5학년생 자녀가 초등학교 2, 3학년 수준의 문제를 풀었다고 해도 칭찬은 필요합니다. 이 칭찬으로 하여금 자녀는 본인에게 문제가 없다며 안심하게 될 테니까요.

참고로 이 단계에서는 교과서 수준의 문제를 반복할 수 있는 문제집이 도움이 됩니다.

Step 2. 유사한 문제를 풀게 해서 '해냈어!'라는 성취감을 키운다

Step 1에서 아이의 반응이 조금은 달라졌다면 유사한 난이도의 문제를 반복해서 풀게 하는 것이 좋습니다. 이

때 중요한 건 강요하지 않고 함께 풀고 있다는 느낌을 주는 것입니다. 아이의 공부를 도와주는 모양새를 취하는 것이죠. 아이가 풀려는 노력을 보이고 그 노력이 정답으로 이어지는 순간 다음과 같이 말해 주세요.

"OK! 잘했어!"

이 한마디가 아이의 의욕을 더욱 고양시킵니다.

하지만 아이가 항상 정답을 맞힐 수는 없죠. 틀렸다고 가정해 봅시다. 여러분은 어떻게 대답해야 할까요? 미리 틀린 답안지를 네 개 공개합니다.

"이건 쉬운 문제니까 당연히 풀 수 있어야 해!"

"아직도 초등학교 3학년 수준이야? 그 정도밖에 안 돼?"

"또 틀렸어!"

"좀 빨리 못 푸니?!"

모두 자신감이 없는 아이에게 할 말은 아닙니다.

Step 3. 문제 푸는 작업을 반복하면서 학년 수준을 높인다

계속 "잘했어!"라는 칭찬을 받으면 아이는 '혹시 내가 수학을 잘할 수 있게 된 건가?' 하는 착각에 빠집니다. 이 착각은 긍정적으로 작용해서 아이가 향후 한 단계 더 발전할 수 있는 계기가 됩니다. 서서히 자신감이 붙을 테고, 그렇게 다소 어려운 문제를 만나도 '할 수 있어!'라고 생각하기 때문입니다.

물론 이렇게 되기까지는 시간이 걸립니다. 애초에 아이에게 자신감이 없었기 때문에 자신감을 충분히 회복하기 전까지는 수시로 긍정적인 생각이 꺾일 겁니다. 그래서 아이가 어려운 문제를 만났을 때 부모는 다음과 같이 가볍게 말해 줘야 합니다.

"이건 좀 어려우니까 설명을 해 줄게. 함께 풀어 보자, 알았지?"

이 단계까지 왔다면 부모는 아이의 곁에서 물러나 줘

야 합니다. 이제는 혼자서 스스로 공부하게 놔둘 차례입니다. 아이가 어떻게 해야 할지 몰라 허둥댈 때만 가르쳐 주면 됩니다.

이 3단계 스텝은 학력 수준이 낮은 아이에게 효과적인 방법입니다. 꼭 실천해 보길 바랍니다.

잠깐~!
정리하기 3

야단치지 않고 말하는 방법

Step 1. 문제를 쉽게 풀 수 있는 수준으로 내린다

[올바른 대응]

- "이걸 풀었으니까 다음 문제도 풀 수 있어."

Step 2. 유사한 문제를 풀게 해서 '해냈어!'라는 성취감을 키운다

[잘못된 대응]

- "이건 쉬운 문제니까 당연히 풀 수 있어야 해!"
- "아직도 초등학교 3학년 수준이야? 그 정도밖에 안 돼?"
- "또 틀렸어!"
- "좀 빨리 못 주니?"

[올바른 대응]

- "OK. 잘했어!"

Step 3. 작업을 계속하면서 학년 수준을 높인다

[올바른 대응]

- "이건 좀 어려우니까 설명을 해 줄게. 함께 풀어 보자, 알았지?"

아이가 원하는 대로
하게 하면 될까요?

다음은 학교 성적이 크게 떨어진 중학교 2학년 남학생 사례입니다. 아이의 취미는 TV 시청과 게임하는 것입니다. 이 두 가지 중독에 빠졌으니 성적이 괜찮을 리 없겠죠? 이대로는 고등학교에 진학하지 못할 것 같다고 생각한 부모는 아이를 학원에 보내기로 결정했습니다. 그런데 아이가 가기 싫다고 고집 피우는 상황입니다. 여러분이라면 어떻게 할지 생각하면서 상담 내용을 살펴보시죠.

내담자

시다 씨:

안녕하세요. 중학교 2학년생인 아들의 일로 상담을 신청합니다. 일전에 아내를 대신해 학교에 3자 면담을 다녀왔습니다. "아이의 모든 교과목 성적이 최하위"라고 담임 선생님이 말씀하시고는 다음의 말을 덧붙였습니다.

"이대로는 갈 수 있는 공립학교가 없어요."

아이의 성적이 떨어진 이유를 알고 있습니다. 아이는 방과 후에 TV와 게임에만 빠져 살거든요. 우리 부부는 항상 말합니다. "학생의 본분은 공부야. 사람은 해야 할 일이 있고, 그 일을 해야만 해"라고요. 다그치고 싶지 않지만 어쩌겠어요? 아이의 미래가 암담한걸요. 저녁 식사가 끝나면 아이를 조금이라도 책상에 앉게 합니다. 하지만 아이의 표정에서는 조금의 위기감도 찾아볼 수 없습니다.

사실 중학교 진학 때도 사립학교 입시 학원에 보냈습니다. 아이는 그때도 공부에 관심이 없었고, 아내는 급기야 아이와 다투기까지 했습니다. 결국 사립학교 입시는 단념하고 지금 다니는 공립중학교에 진학할 수밖에 없었죠.

오늘 아침에 아내가 "이제는 강제로라도 학원에 보내야겠어"라고 제게 말하더군요. 더는 지체할 수 없다는 뜻이 담겨 있었죠. 저도 그 말에 고개를 끄덕였습니다. 하지만 어떤 학원이 아이에게 좋을지 감이 잡히지 않았습니다. 그래서 아이에게 물었습니다.

"가고 싶은 학원이 있어?"

아이는 고개를 절레절레 가로저었습니다. 관심이 없다는 의미였죠. 가고 싶은 학원도 학교도 없는 한심한 상황입니다.

이 상황을 돌파할 수 있는 방법은 없을까요? 조언해주시면 감사하겠습니다. 잘 부탁드립니다.

저자

상담 내용을 살펴보면 시다 씨는 위기감을 느끼고 있습니다. 중학교 진학 때도 사립학교 입시 학원에 보냈으나 아이는 전혀 의욕이 없었고, 그 결과물인지 중학교 2학년인 지금 모든 교과목 성적이 최하위입니다. 이런 상황에서 아이는 원하는 고등학교도 없습니다. 이 말을 달리 해석해 보면 아이는 달라질 의사가 전혀 없어 보입니다.

이런 아이를 강제로 학원에 보낸다고 달라질까요? 그렇지 않을 겁니다. 억지로 앉아서 공부하는 척은 하겠지만 결과적으로 돈만 쓰는 꼴이 되겠죠. 이 상황에서 채찍을 가해 강압한다면 되돌릴 수 없는 사태까지 도달할 수 있습니다.

우리가 먼저 생각해야 할 부분은 '아이는 왜 이런 상황에 이르렀을까?'입니다. 시다 씨의 말에서 유추했을 때 아이는 중학교 입시 전부터 이미 의욕이 없었습니다. 이런 상황에서 부모는 중학교 입시를 위한 공부를 시켰습니다. 즉 아이의 의사나 희망과는 무관하게 부모의 의사나 희망대로 일을 진행시킨 것입니다.

낯선 풍경은 아닙니다. 중학교 입시는 대부분 부모 주도형입니다. 부모가 먼저 움직이면 아이는 따라갑니다. 그렇기에 부모 주도형이 마냥 나쁘다고 말할 수는 없습니다. 다만 문제는 아이가 싫어하는데도 부모가 일방적으로 판단해서 강요라는 수단을 통해 좋은 결과를 도출하고자 했다는 데 있습니다. 좋은 결과를 도출하고자 행동했지만 결론적으로 그리고 보편적으로 좋은 결과가 나올 확률은 현저히 낮습니다. 아이가 원하지 않았기 때문입니다.

이렇게 말을 하면 꼭 이런 질문이 돌아옵니다.

"그럼 아이가 원하는 대로 하게 하면 될까요?"

아쉽게도 그런다고 해결되지 않습니다. 아이가 원하는 대로 부모가 따르는 게 정답은 아닙니다. 아이가 조금이라도 긍정적인 자세를 가질 수 있는 상황을 조성한

후에 아이가 납득할 수 있는 방향으로 일을 진행시켜야 합니다.

다시 제2원칙을 살펴볼 필요가 있겠습니다.

[제2원칙]
강요하는 일은 하지 않는다

물리법칙 중 '작용 반작용의 법칙'이 있습니다. 어떤 방향으로 힘을 가하면 그것과 동일한 크기의 힘이 반대 방향으로 작용한다는 법칙입니다.

이는 인간관계에도 유효합니다. 강요하면 그것과 같은 강도의 힘이 반대 방향으로 생깁니다. 아이의 입장에서는 반항이란 이름으로 나타나겠지요. 표면적으로 드러나지 않을 수도 있습니다. 겉으로 하는 척만 하고 속으로 반항의 감정을 키울 수도 있습니다.

저는 이 법칙을 강연 등에 자주 꺼내 듭니다. 다음과

같은 예시를 들면서 말이죠.

> "남편이 '내일 저녁은 카레로 해!'라고 강요합니다. 이때 아내가 '네! 알겠습니다, 따를게요'라고 할까요? 그렇지 않죠. 아마 대부분이 '네? 뭐라고요?!'라며 본인의 상한 기분을 드러낼 겁니다. 어떤 아내들은 대답 대신 카레를 만들지도 모릅니다. 대신 아주 맵게 만들거나 맛도 안 보고 대충 만드는 거죠.
>
> 마찬가지로 부모가 아무리 '공부해!' 하며 억지로 아이를 책상에 앉힌다고 해도 상황은 전혀 달라지지 않습니다."

안타깝지만 시다 씨의 아이가 공부하지 않는 데 대한 원인은 강요에 있습니다. 그럼 이제 시다 씨는 어떻게 대응해야 할까요?

급선무는 아이의 자존감 회복입니다. 다른 말로 자기 긍정감이라고도 할 수 있죠. 안타깝게도 부모의 노력만으로 되지 않습니다. 제3자가 개입해야 합니다. 시다 씨가 할 일은 공부에 대해서는 일절 언급하지 않는다는 자기 다짐입니다. 삶의 방식이나 도덕·윤리적인 이야기는 해도 괜찮습니다. 하지만 공부만큼은 신뢰할 수 있는 교육 전문가에게 맡기는 것이 좋겠습니다.

교육 전문가를 선택할 때는 다음의 5가지 조건을 고려해야 합니다.

- **조건 1: 부모의 심정으로 아이를 보살펴 줄 수 있는 사람**
- **조건 2: 지금의 학력을 올바르게 파악하고 그 수준에 맞출 수 있는 사람**
- **조건 3: 부정적인 말을 삼가고 희망을 주는 사람**
- **조건 4: 올바른 공부 방법을 아는 사람**
- **조건 5: 가르치는 일을 즐거워하는 사람**

조건만 충족한다면 학교 교사든 학원 강사든 상관없습니다.

공부는 교육 전문가에게 맡기고 집에서는 공부 외적인 이야기만 하는 것, 어려울 것 같은가요? 하지만 이참에 본인을 찾는다고 생각해 보세요. 그리고 그동안 소홀했던 맛있는 식사와 건강관리에 신경 써 보는 겁니다.

이와 관련해서는 뒤에서 자세히 다루겠습니다.

의존적인 아이를
자립적인 아이로 만드는 방법

다양한 분야에서 수많은 사람이 "공부해!"가 초래하는 악영향을 지적하고 있습니다. 그러나 이런 지적이 그에 상응하는 행동으로 이어지는 경우는 많지 않습니다. 지적을 듣고 실천해 봤지만 아이에게서 뚜렷한 변화가 나타나지 않는 데서 오는 불안감 때문입니다. 그렇게 부모들은 원래대로 돌아갑니다.

부모들의 심정을 충분히 이해합니다. 다음 소개할 사례가 이런 부모의 심정이 아주 잘 드러난 경우라고 할 수 있을 겁니다.

내담자

마치다 씨:

안녕하세요. 중학교 2학년인 사내아이 일로 상담하고 싶어요. “공부해!”라고 하면 아이가 반발하는 집 중 하나지요. 그래서 여러 전문가의 지적에 따라 아무 말도 하지 않고 아이의 상태를 지켜봤어요. 그런데 이젠 게임이나 스마트폰에 점점 더 빠져서 공부를 전혀 하지 않아요. 이런데도 “공부해!”라고 말하지 말고 그대로 두는 것이 좋을까요? 정말로 어떻게 해야 할지 고민이에요. 도와주세요.

저자

역시 많이 받는 질문 중 하나입니다. 그래서 이 질문에 대한 답변도 항상 준비되어 있습니다.

> “부모가 ‘공부해!’라고 말할 때마다 아이의 성적은 1점씩 떨어집니다.”

비유에 불과하지만 그만큼 "공부해!"라는 말은 아이를 구석으로 몰고 가는 대표적인 언어입니다. 마치다 씨의 아이와는 달리 부모가 "공부해!"라는 말을 하지 않자 신기하게도 아이가 공부하기 시작했다는 사례도 있습니다. 물론 마치다 씨의 경우도 많습니다.

그 원인은 두 가지로 요약할 수 있습니다. 하나는 아이 입장에서 봐야 합니다. 아이는 지금까지 자기 일은 스스로 한다는 입장을 가지고 있지 않았습니다. 뭐든 부모가 대신해 줬습니다. 밥 먹는 것부터 옷 정리, 방 치우기 등 모두 부모의 몫이었습니다. 공부를 하지 않으면 부모가 알람시계처럼 "공부해!"라고 말해 줬습니다. 급기야 어떤 부모는 하루 일정표를 체크하는 열정까지 보입니다. 덕분에 아이는 아랑곳하지 않고 놀 수 있을 때 놀았습니다.

어릴 때부터 자기 일은 스스로 한다는 교육을 했다면 자기 일인 공부도 스스로 했을 가능성이 높습니다. 하지만 이런 교육을 받지 못한 아이는 아무리 "공부해!"라고 다그쳐도 바로 개선되지 않습니다.

다른 하나는 주변에 공부 이외에 즐거운 일, 재미있는 일이 널려 있다는 데 있습니다. 이런 상황에서 자립적이지 않은 아이는 곧장 재미있는 일에 빠지기 십상입니다.

애석하게도 이 상황을 타개할 방법은 환경을 조성하는 것입니다. 좋지 않은 환경을 없애거나 쉽게 접근하지 못하도록 해야 합니다. 자립적인 아이라면 문제가 없지만 마치다 씨의 아이에게는 필요합니다.

이 두 가지 원인을 바탕에 두고 이제 어떻게 해야 할지를 알아봅시다.

마치다 씨의 해결책은 앞서 이야기한 두 가지 원인을 반대로 실천하면 됩니다.

- **아이로 하여금 조금씩 자기 일은 스스로 하게 한다.**
- **공부를 방해하는 요인을 멀리하게 한다.**

어떻게 해야 아이로 하여금 조금씩 자기 일을 스스로

하게 할 수 있을까요? 핵심은 천천히, 입니다. 강요라고 느끼지 않도록 다음과 같이 말해 보세요.

"자기 일은 스스로 해야지?"
"남들에게 폐를 끼치지 말아야 해."

윤리나 도덕을 강조해서 말을 하는 겁니다. 반론할 여지가 없게끔 말이죠. 그렇게 천천히 아이 스스로 자기 일을 하게끔 해야 합니다. 이 과정에서 "빨리 해!", "당장 해!" 같은 말이 나오지 않도록 주의하세요. 이 말들은 조건반사에 지나지 않기 때문에 사용해서는 안 됩니다.

그렇다면 공부를 방해하는 요인은 어떻게 멀리할 수 있을까요?

앞서 말했듯이 공부에 집중할 수 있는 환경을 만드는 것이 기본 전제입니다. 자기 주도적인 공부를 저해하는 환경에서는 "공부해!"라고 하지 않으면 점점 더 공부하지 않게 됩니다. 요컨대 애초에 공부에 방해되는 요인을 제거해야 한다는 의미입니다.

우리가 독서실에 가는 이유가 무엇입니까? 공부에 집중하기 위해서죠. 집에서도 마찬가지입니다. TV가 켜져 있거나 가족이 떠드는 환경에서는 공부에 집중할 수 없습니다. 집에서 꼭 공부를 시키지 않아도 된다고 생각한다면 도서관, 학교, 독서실에 보내는 것도 하나의 방법입니다.

분명 아쉬움이 느껴질 겁니다. "그럼 스마트폰 그리고 스마트폰을 통해 하는 게임은 어떻게 막을 수 있나요?" 하고 묻고 싶을 테니까요. 게임이나 스마트폰에 대응하는 방법에 대해서는 제3원칙에서 보다 자세히 다루겠습니다.

〔 제3원칙 〕

누구나 최소한 3가지 장점을 가지고 있다

우리가 아이의 장점을 찾지 못하는 이유

매일 아이와 있으니 결점이나 단점만 보인다는 부모가 적지 않습니다.

"식사 시간만 되면 뭉그적거려요."
"말하지 않으면 정리하지 않아요."
"하루 종일 게임만 해요."
"공부할 생각을 안 해요."

'진짜 내 애야?'라는 생각이 들 정도로 아이가 한심한 모습을 보이면 부모가 된 입장에서 야단치고 싶은 마음이 굴뚝같이 밀려올 겁니다. 대부분의 부모가 그 마음을 참지 못하고 입 밖으로 내뱉습니다.

전 잘못한 일이 있다면 야단치는 게 마땅하다고 생각합니다. 하지만 그 횟수가 잦다면 그건 잘못된 겁니다. 야단치는 행위 때문이 아니라 그 행위로 인해 부모는 이런 생각이 들 수밖에 없기 때문입니다.

'이 녀석은 결점만 있고 장점은 없는 건가?'

당연히 내 아이에게 장점이 없을 리 없습니다. 내 아이뿐만 아니라 남의 아이, 모든 아이에게는 장점이 있습니다. 단지 매일같이 야단치고 매일같이 나쁜 면만 보기 때문에 사고가 굳어지는 것입니다. 이렇게 사고가 굳어지면 아이의 장점은 더 이상 보이지 않게 됩니다.

[제3원칙]

누구나 최소한 3가지 장점을 가지고 있다

제3원칙은 너무도 당연한 말이지만 '누구나 최소한 3가지 장점을 가지고 있다'입니다. 여기에 최소한의 숫자 3을 붙였습니다. 이 부분은 매우 중요합니다. 아이를 잘 살펴보면 반드시 세 가지 장점을 찾아낼 수 있기 때문입니다.

이 장점을 잘 살리면 아이는 변합니다. 매일 눈에 보이는 부분, 결점만 지적하고 장점은 외면하기 때문에 찾지 못하는 것뿐이죠.

일본에서 50만 부 이상 팔린 베스트셀러 『위대한 나의 발견 강점혁명』에 다음과 같은 내용이 있습니다.

> '세상의 모든 학교 또는 회사에서는 우수한 인간이 되기 위한 방법으로 먼저 자신의 약점을 자각하고 분석해야 하며 그리고 그것을 극복해야 한다고 가르친다.

물론 나쁜 의도로 이런 말을 할 리는 없지만 지도법이라는 관점에서 보면 틀렸다. (중략)
자신이 선택한 분야에서 재능을 발휘하고 항상 만족하려면 자신의 강점이 무엇인지 알아야 한다. 스스로 강점을 발견해 그것을 드러내고 활용하는 기술을 익혀야 한다.'

그럼 어떻게 하면 장점을 살릴 수 있을까요? 실제 상담 사례 세 가지를 소개하며 말씀드리겠습니다.

부모가 하지 말아야 할 일과 해야 할 일

첫 번째 상담 사례는 애니메이션 캐릭터 그리는 것 외에는 아무 의욕이 없다는 아이의 이야기입니다. 이 가정이 안고 있는 문제의 본질은 무엇일까요? 한 번 들여다보겠습니다.

내담자

코다 씨:

안녕하세요. 저는 고등학교 1학년 아들과 초등학교 5학년 딸을 가진 엄마예요. 한창 변덕이 심한 사춘기 아들 일로 상담드려요.

제 고민의 대상은 바로 고등학교 1학년 아들이에요. 중학교 때까지는 낙제점 없이 모든 과목에서 60~80점을 받던 아들이 고등학교에 진학하자마자 공부를 게을리하기 시작했어요. 원래 알고 있긴 했어요. 아이가 본인에게 엄격하지 못하다는 걸요. 공부하는 습관이 있는 편도 아니었죠. 그런데 이 정도까지 공부를 안 하진 않았어요.

이유는 그림에 있어요. 아직은 좋아하는 캐릭터를 그리는 정도이지만 그 시간이 점점 늘고 있어요. 심지어 최근에 초등학교 3학년 때부터 해 오던 축구를 힘들다는 이유로 그만두고는 방과 후 활동을 아예 하지 않고 있어요.

다그친 결과 아이가 2학기 때부터는 공부하겠다고 하는데… 글쎄요, 잘 모르겠어요. 책상에 앉으면 그저 그림만 그리고 있으니….

이런 상황이 너무 화가 나고 속상하네요. 제가 어떻게 해야 할까요?

저자

상황을 정리할 필요가 있겠네요. 세 문장으로 요약할 수 있겠어요.

- **아이는 공부할 의향이 거의 없다.**
- **아이는 좋아하는 캐릭터 그리기가 취미지만 부모는 탐탁지 않아 한다.**
- **부모는 아이가 힘든 일을 피하는 경향이 있다고 생각한다.**

여기에 하나를 덧붙이면 부모는 아이가 적극적으로 공부에 집중하길 바라고 있죠. 사실 모든 부모가 이런 이유로 제게 상담을 요청합니다.

코다 씨는 아이가 공부에 가치를 느끼지 못한다고 생각하고 있습니다. 그래서 자기가 좋아하는 일만 한다고 생각하죠. 글만 봐도 알 수 있을 겁니다. 코다 씨는 화가 많이 쌓인 상태라는 것을요.

어떻게든 공부를 시켜야겠다는 생각에 잔소리도 많이 했을 겁니다. “공부해!”, “숙제는 다 했어?”, “조만간 시험 있지?” 같은 말을 숱하게 했을 겁니다. 예상했겠지만 이런 말들은 문제 해결에 아무런 도움이 되지 않습니다. 해결은커녕 사태를 더욱 악화시킬 뿐입니다.

코다 씨의 경우 문제의 원인을 어렵지 않게 찾을 수 있습니다. 그동안 아이를 어떻게 대해 왔는지 살펴보면 답은 금방 보입니다.

코다 씨는 고등학교 1학년인 아들의 상태를 보고 문제가 있다고 판단하지만 문제의 조짐은 오래전부터 있어 왔을 겁니다. 코다 씨가 아이를 대하는 방식 역시 오랫동안 몸에 밴 습관에서 나온 거죠. 아마 이 방식이 아이가 초등학생이었을 때까지는 잘 먹혔을 겁니다. 초등학생들은 비교적 부모의 말을 잘 들으니까요.

아이의 정신연령에 따라 차이는 있지만 중학생도 초등학생과 마찬가지로 부모의 말을 잘 듣는 것처럼 보일 때가 있습니다. 아마 코다 씨는 그런 중학생 때의 아이의 모습을 보고 문제가 없다고 생각했을 겁니다. 그러나 당시 아이는 원하지 않는 일을 억지로 시켰을 때 가슴속에 불만을 품었을 가능성이 높습니다.

겉모습만 보고 '잘하고 있어'라고 판단하면 곤란합니다. 아이들은 커 가면서 마음속에 담아 둔 자아를 표현하기 시작합니다. 코다 씨의 아들이 그 경우입니다.

그럼 장기간에 걸쳐 몸에 밴 습관을 어떻게 하면 좋은 방향으로 이끌 수 있을까요? 다음 세 단계 스텝이 도움이 될 겁니다.

step 1. 근본 원인이 무엇인지 생각한다
step 2. 부모가 하지 말아야 할 일을 생각한다
step 3. 부모가 해야 할 일을 생각한다

step 1. 근본 원인이 무엇인지 생각한다

먼저 step 1입니다. 앞서 살펴본 바와 같이 문제의 원인은 오랫동안 몸에 밴 습관입니다. 지금까지 어떤 식으로 대응해 왔는지를 돌이켜 보십시오. 잘잘못을 따지기 위함이 아닙니다. 원인이 무엇인지 생각하는 데 목적이 있습니다.

코다 씨에게 감정을 대입해 보십시오. 눈앞의 현상—공부를 게을리하고 끈기가 없는—을 바꾸고 싶은 마음이 절실해서 원인을 쉽게 찾을 수 없을지도 모릅니다. 그렇기에 어떻게 할지를 생각하기 전에 무엇이 근본 원인인지를 생각해야 합니다. 즉 자신의 모습을 되돌아봐야 합니다.

step 2. 부모가 하지 말아야 할 일을 생각한다

부모가 해야 할 일을 생각하기에 앞서 부모가 하지 말아야 할 일을 생각해야 합니다. 해결책을 찾고자 하는 마음이 굴뚝같다는 거 이해합니다. 하지만 하지 말아야 할 일을 찾아서 실행하는 편이 오히려 도움이 됩니다.

하지 말아야 할 일에는 무엇이 있을까요? 공통적인 게 하나 있습니다. 공부 간섭입니다. 이것부터 단호히 그만두십시오. 공부 간섭에는 공부에 대한 지시, 강요, 암시

(불쾌감을 주는) 등이 포함됩니다.

쉽지 않을 겁니다. 사실상 부모의 인내력 테스트입니다. 지금껏 공부 간섭이 몸에 익어 습관이 되었을 테니까요.

step 3. 부모가 해야 할 일을 생각한다

마지막은 드디어 부모가 해야 할 일입니다. 코다 씨의 사례는 아이의 장점에 주목해서 해야 할 일을 찾을 필요가 있겠습니다.

누가 "당신 주변의 빨간 것을 찾아보세요"라고 하면 지금까지 그저 배경에 불과하던 빨간색들이 눈에 또렷이 들어오기 시작할 겁니다. 일반적으로 목적이나 타깃을 정하면 그 대상이 먼저 눈에 띄는 법입니다. 마찬가지로 아이의 장점을 찾으려고 노력하면 단점보다는 장점이 눈에 보이기 시작합니다. 단점만 보였던 까닭은 아이의 장점에 주목하지 않았기 때문입니다.

그럼 코다 씨 아이의 장점은 무엇일까요? 바로 그림 그리기입니다. 장점을 찾았으니 부모가 해야 할 일은 명확해집니다. 다만 그림 그리기를 좋아하는 이유는 여러 가지일 수 있습니다. 단순히 캐릭터가 좋아서일 수도 있고, 애니메이션에 흥미가 있어서일 수도 있습니다. 또는 창조적인 일이 좋거나 조용히 혼자만의 시간을 즐길 수 있기 때문일 수도 있습니다. 이유가 무엇이든 개인의 기호와 공부를 연관시키면 아이의 태도를 변화시킬 수 있습니다.

예를 들어 캐릭터를 좋아하면 캐릭터가 그려진 공책을 활용할 수 있습니다. 애니메이션에 흥미가 있다면 애니메이션 제작 현장이나 이벤트에 참여시키는 방법이 있습니다. 이렇게 경험을 하고 나면 공부의 필요성을 아이가 스스로 느낄 수 있습니다.

공부에 직접 관련된 것만 지적하지 말고 아이의 장점이나 관심사를 활용해 보세요. 아이로 하여금 흥미를 유발하는 환경을 만드는 일이 중요합니다.

규칙과 벌칙
어떻게 정할 수 있을까요?

다음 상담도 매우 빈번한 사례에 속합니다. 게임이나 스마트폰에 빠진 아이가 많으니까요. 제2원칙에서 언급했듯이 이번 사례가 아이를 바꾸는 데 더 도움이 될 거라 확신합니다.

내담자

이와자키 씨:

안녕하세요. 저는 초등학교 3학년 아들을 둔 엄마예요. 저의 고민은 아이가 게임을 너무 많이 한다는 데 있어요. 사실 작년부터 그랬어요. 정해 둔 규칙이 있는데 전혀 지키지 않고 있죠. 그 규칙이란 게임하는 시간을 정해 두는 것이었어요.

저로서는 아이에게 주의를 줄 수밖에 없었어요. 그래도 최대한 달래듯이 말하는데 그러면 아이는 "한 판만 더 할게!" 하며 떼를 쓰죠. 다시 주의를 주면 아이는 급기야 물건을 던지거나 곧장 울음을 터트리고 말아요.

가장 걱정이 되는 건 게임 때문에 다른 일들을 미룬다는 거예요. 게을러져서 잘 씻지도 않고, 식사도 대충 해치우는 등 일상생활에서 나쁜 모습을 보이고 있어요. 아침부터 토라져 학교를 빠지는 일도 있고요.

평일에는 3시간, 휴일에는 6시간 정도 게임에 빠져 사는 아이를 보고 남편은 차라리 게임기를 부숴 버리자고 말하는데 실행에는 옮기지 못하고 있어요. 아이가 돌변할까 봐요.

일이 이 지경에 이른 건 분명 제 책임일 거예요. 아침마다 큰소리로 화를 내는 날이 수시로 있었거든요. 사실 저라고 이러고 싶은 건 아니에요. 저도 이러는 게 지치고 아이 때문에 건강도 나빠졌어요. 이제는 어떻게 가르쳐야 할지 도무지 모르겠어요.

저자

스마트폰으로 게임을 즐기는 사람이 많습니다. 1인 1게임 시대라고 해도 과언이 아닙니다. 아이 어른 가릴 것도 없지요. 그래서 이와자키 씨와 같은 일을 겪는 가정은 얼마든지 있습니다.

이와자키 씨의 경우 가장 크게 잘못한 점은 아이에게 게임기를 손에 쥐어 줬다는 데 있겠네요. 애초에 게임기를 주지 않았다면 이런 일이 일어나지도 않았겠죠? 네, 여기서 반발할 거라는 걸 저도 알고 있습니다. 누구나 스마트폰이나 게임기를 가지고 있는데 우리 아이만 갖지 못하게 할 수 있었을까요? 아니요. 쉽지 않죠.

조금 더 현실적인 이야기를 해 볼까요?

저는 지금까지 게임기나 스마트폰에 대한 상담을 수

없이 해 왔습니다. 이 경험을 통해 게임기를 보유한 가정에는 몇 가지 패턴이 있다는 사실을 알게 되었습니다.

첫째, 규칙을 정한 가정과 정하지 않은 가정으로 나눌 수 있습니다. 규칙이란 '게임은 하루에 1시간 이내', '공부를 마치고 게임을 한다' 같은 것이죠. 아이의 행동이 눈에 거슬리기 시작한 후에 규칙을 만들면 아무 효과가 없습니다. 즉 처음부터 규칙을 정하지 않으면 의미가 없습니다.

둘째, 벌칙을 두는 가정과 그렇지 않은 가정으로 나눌 수 있습니다. 벌칙이란 '이 규칙을 어기면 일주일간 게임 금지' 등과 같은 것이죠. 벌칙이 없다면 아이는 규칙을 어겨도 상관없다고 생각하게 됩니다.

셋째, 벌칙이 있지만 실행하는 가정과 그렇지 않은 가정으로 나눌 수 있습니다. 둘째 패턴과 이어지는 내용인데요. 아이가 규칙을 어겨도 상관없다고 생각하게 되면 점점 더 규칙을 지키지 않습니다. 이것은 부모가 이른바 잘못된 교육을 하고 있다는 증거인 셈이죠.

이상의 패턴을 통해 게임기 때문에 문제가 생기는 가정과 문제가 생기지 않는 가정을 구분했을 거라 생각합니다.

이와자키 씨의 경우는 어떨까요? 먼저 이와자키 씨의 가정에는 규칙이 있습니다. 첫 번째 패턴은 통과했네요. 하지만 문제는 그다음입니다. 아이를 배려해서인지 벌칙이 없습니다. 당연히 벌칙을 실행할 일도 없겠죠.

저는 이와자키 씨에게 다음의 두 가지 해결책을 제시했습니다.

> "무엇이 문제인지 냉정하게 이야기하고 아이가 규칙과 벌칙을 정하게 하세요."
> "게임을 체계적으로 시키세요."

첫 번째는 일반적인 방법이고 두 번째는 장점을 살리는 방법입니다.

첫 번째 해결책에 대해 이야기해 볼까요? 지금까지는 부모가 규칙을 강제했습니다. 그래서 아이는 일단 받아들이지만 납득할 수 없고 때로는 반항도 했습니다. 그래서 부모는 아이에게 게임에 빠지면 왜 안 좋은지에 대해 감정을 최대한 배제하고 냉정하게 이야기해 볼 필요가 있습니다. 이때 심각한 분위기를 연출해서는 안 됩니다.

그런 후에 규칙과 벌칙은 아이 스스로 정하도록 합니다. 부모는 강제하지 말고 아이가 스스로 정하게끔 방향만 제시합니다. 이럴 때 아이는 지킬 가능성이 높습니다. 스스로 규칙을 정했기 때문이죠. 이런 식의 전개는 아이의 자율성을 키우는 데도 도움이 됩니다.

이와자키 씨의 아들은 토라지고 결석하며 폭력적인 성향도 보였습니다. 따라서 규칙을 지키지 않으면 어떻게 할지에 대해서는 조금의 개입이 필요합니다. 다음의 예를 참고해서 이야기를 풀어 나가면 수월할 겁니다.

부모

게임기가 있으면 아무래도 게임만 하게 되잖아. 어떻게 하는 게 좋을까?

아이

그렇게 안 할 거니까 괜찮아!

부모: 혹시 그럴 수도 있잖아. 만약 그런다면 엄마는 화를 낼지도 몰라. 그래도 괜찮아?

아이: 음… 그건 싫어!

부모: 그럼 어떻게 할까?

아이: 규칙을 정하면 되지!

부모: 어떤 규칙?

아이: 하루에 1시간만 한다든지….

부모: 규칙을 만들어 놓고 안 지키면 어떻게 할 거야?

아이: 잘 지킬 거야!

부모: 잘 안 지키면 어떻게 할 거야?

아이: ….

부모: 규칙을 안 지키는 건 약속을 어긴 거니까 엄

마는 화를 낼 거야.

아이: 규칙을 어기면 더 이상 게임을 안 할게….

부모: 하지만 게임을 안 하면 다시 하고 싶어질 거잖아. 그러니까 예를 들어 3일간 금지 같은 벌칙은 어떨까?

아이: 알았어. 그럼 일주일 금지로 할게.

부모: 벌칙을 정하면 반드시 지켜야 해. 나중에 말 안 듣고 불평하거나 떼쓰고 울면 안 된다?

아이: 응, 안 그럴게!

부모 입장에서는 다소 꿈같은 대화라고 느껴질지도 모르겠습니다. 아이가 저렇게 순응할 리는 없으니까요. 그래도 비슷한 결론에 도달하게끔 아이와 함께 이야기를 이끌어 나갈 수는 있습니다.

아이에게 말로 다짐을 받고 동시에 아이 스스로 정한 규칙을 종이에 적어서 가족 모두가 잘 볼 수 있는 위치에 붙여 두세요. 그러면 아이도 일종의 맹세를 한 셈이므로 달라진 모습을 보일 겁니다.

규칙과 벌칙을 정하는 순간부터 아이가 180도 달라질 거란 기대는 버리는 게 좋습니다. 오히려 한동안은 벌칙을 줄 때마다 떼를 쓰고 울지도 모릅니다. 하지만 규칙은 규칙입니다. 이때 확실히 지키는 모습을 보이지 않으면 교육이라고 할 수 없습니다. 벌칙을 한 번 받으면 다음부터는 규칙을 어기는 확률이 현저히 줄어들 겁니다.

두 번째 해결책을 말할 차례네요. 아이의 장점을 살려주는 방법으로 뭐가 있을까요?

미리 말씀드리면 제가 제시할 방법은 앞서 살펴본 접근법과는 정반대입니다. 비현실적이라고 생각할지도 모르겠습니다.

저는 이와자키 씨의 사례를 듣고 어쩌면 아이에게 탁월한 게임 능력이 잠재되어 있을지도 모른다고 생각했습니다. 초등학교 3학년이 평일에 3시간, 휴일에 6시간 게임에 집중할 수 있다는 것은 달리 생각하면 굉장한 일입니다. 이런 집중은 어른도 쉽지 않습니다.

IT 분야 창업가들의 일화를 들여다보면 어릴 때 식사

시간을 제외한 시간에는 게임이나 컴퓨터에 빠져 살았다는 이야기가 꼭 들어 있습니다. 이 사람들의 특징이라면 부모에게 어떠한 잔소리도 듣지 않았다는 것이겠지요. 대단하다고밖에 할 수 없습니다.

이 방법에는 아이의 장점을 발굴해 장래의 직업으로 발전시킨다는 의도 뒤로 감춰진 또 다른 의도가 있습니다. 실컷 게임을 하게 해서 아이 스스로 게임에 흥미를 잃기를 기다리는 것입니다. 좋아하는 음식도 매일 먹으면 질립니다. 가끔 먹기 때문에 맛이 좋은 것이지요.

아이의 장점이 게임이라면 살리고, 그렇지 않다면 스스로 그만두게 할 수 있는 방법인 셈입니다.

물론 머리로만 이해가 될 테지요. 부모 입장에서는 '이대로 게임만 하고 더 이상 말을 안 들으면 어떻게 하지' 하는 생각에 불안해질 수밖에 없을 겁니다. 그래서 이 선택지는 최종적으로 각자의 가정에서 판단할 문제입니다. 가장 나쁜 것은 뭘까요? 어중간한 대응입니다. 일관

성이 없는 모습이 가장 나쁘다는 것을 염두에 두고 판단 하기를 바랍니다.

부모 기준에서 아이를 바라볼 때 발생하는 일

누군가의 성격을 말할 때는 대체로 긍정적인 측면과 부정적인 측면이 공존합니다. "지기 싫어한다", "자존심이 강하다" 같은 말이 대표적입니다.

아이를 키울 때 자주 경험하는 점이기도 합니다. 다만 대부분의 부모는 아이에게서 부정적인 측면만 쏙쏙 빼서 기억합니다.

이번 사례에서는 아이의 성격을 긍정적으로 바꾸는 방법에 대해 알아보려고 합니다. 상담 내용을 살펴보기에 앞서 힌트를 말씀드리겠습니다. 부모의 시점을 바꿔 보세요.

내담자

세키구치 씨:

안녕하세요. 초등학교 4학년인 딸아이의 일로 상담드려요. 상담 주제는 공부입니다. 딸아이는 국어 독해력이 매우 부족해요. 수학도 서술형 문제나 도형, 단위 등으로 구성된 문제를 매우 어려워해요. 그래서 감으로 푸는 일이 많아요. 계산 문제는 곧잘 푸는데 왜 다른 능력은 좋아지지 않는지 모르겠어요. 학원도 보내는데 말이죠.

어느 정도냐면 초등학교 3학년 수준이래도 '계산 과정을 그림이나 문장으로 작성하시오' 같은 문제는 잘 풀지 못하는 편이고요. 국어 문제는 그야말로 대충 읽고 대충 답해요. 그래서 다시 해 보라고 하면 문제를 네댓 번 읽어야 겨우 답을 찾을 수 있는 상태예요. 제가 보지 않으면 문제를 풀지 않고 해답을 베끼는 일도 많아요.

또 성격은 어찌나 소심한지 남들에게 "몰라요", "못해요"라는 말을 못해요. 그렇다고 제가 하는 말을 곧이곧대로 듣지도 않아요. 그러고는 한 번 상처받으면 회복하는 데 시간이 한참 걸리죠.

자존심이 강한 걸까요? 이 성격이 그렇게 좋다고 느껴지지는 않네요. 아이에게 어떻게 말을 걸어야 할지 모르겠어요.

저자

당황스러운 기색이 역력하죠? 어떻게 대응하면 좋을지 난감해 하고 있고요.

이 상담은 "어떻게 말을 걸어야 할지 모르겠어요"라고 끝을 맺고 있지만 단순히 말을 거는 방식을 바꾸는 것만으로 해결할 수 있는 문제는 아닙니다. 그 전에 알아야 할 중요한 것이 있죠. 그것을 알지 못하면 아무리 대화를 시도해도 소용없습니다. 바로 부모의 의식입니다. 특히 공부에 대한 의식, 아이가 틀리는 것에 대한 의식을 바꿔야 합니다.

세키구치 씨의 딸은 열심히 공부하고 있습니다. 단지 이해력이 다소 부족하고 생각하는 속도가 느려 좀처럼 앞으로 나아가지 못할 뿐이죠. 세키구치 씨도 알고 있을 겁니다. 아이의 사고 속도나 이해 속도를요. 그래서 본인 기준으로 생각하는 겁니다. 이 정도는 당연히 따라와야 하는 것 아니냐는 것이죠. 화도 이 과정에서 쌓입니다. 부모의 스트레스는 고스란히 아이의 스트레스로 이어집니다.

내용을 조금 더 상세히 살펴볼까요?

"딸아이는 국어 독해력이 매우 부족해요. 수학도 서술형 문제나 도형, 단위 등으로 구성된 문제를 매우 어려워해요. 감으로 푸는 일이 많아요."

초등학교 3학년 정도라면 의미를 깊게 생각하지 않고 감으로 문제를 푸는 일이 많습니다. 국어 독해력은 왜 부족할까요? 독해를 하려면 문장을 읽어야 하죠. 하지만 아이는 국어 문장을 읽는 일에 흥미를 느끼지 못하는 것 같습니다. 흥미를 느끼지 못하는 문제를 계속 접하다 보면 그 과목마저 싫어지는 경우가 생깁니다.

자존심이 강한 아이는 승부에서 지면 남들보다 두 배 이상 노력한다는 장점이 있습니다. 그렇다면 자존심이 강한 아이의 단점은 뭘까요? 질지도 모른다고 생각하면 아예 승부 자체에 응하지 않는다는 겁니다. 심한 경우에는 거짓말을 하면서까지 자신의 자존심을 지키려고 합니다. 세키구치 씨의 자녀가 바로 이런 상황에 처해 있는지도 모릅니다.

세키구치 씨가 안고 있는 문제의 가장 큰 원인은 앞서도 언급했지만 부모의 기준에 아이를 맞추려고 한다는 것입니다.

그렇다면 어떻게 이 상황을 타개할 수 있을까요? 다음 두 가지 방법을 생각해 볼 수 있습니다.

• **세분화해서 접근한다.**

• **장점을 살린다.**

세키구치 씨의 이야기를 세분화해서 접근해 보면 흥미로운 사실을 발견할 수 있습니다. 세키구치 씨의 자녀는 수학에서 도형이나 서술형 문제가 아니면 이해하면서 문제를 풀 수 있는 능력을 가지고 있습니다. 이런 상황에서는 문제를 세분화해서 수준을 맞춰 주면 효과적입니다.

먼저 머리로 이해하면서 풀 수 있는 문제와 감으로 푸는 문제를 나눠 봅니다. 그리고 감으로 푸는 문제는 실력에 맞는 수준, 두 학년 낮춘 초등학교 2학년 수준으로 맞춰 주면 아마 아이가 어렵지 않게 풀 수 있을 겁니다. 그런데도 아이가 어려워한다면 보다 쉬운 문제를 골라서 풀게 하면 됩니다. 이런 식으로 수준에 맞춰 성공 체험을 쌓게 하는 것이 중요합니다.

기본 문제를 모두 풀 수 있게 되면 서서히 수준을 높

입니다. 이때가 되면 성공을 이미 여러 차례 체험했기 때문에 풀 수 있다는 자신감이 심어져 있을 겁니다. 다시 말해 전과는 전혀 다른 심리 상태인 겁니다.

국어는 어떻게 해야 할까요? 단락을 나누고, 나눈 단락의 의미만 이해시키는 겁니다. 문제를 풀어 정답을 유추하는 과정이 아닌 본문 내용에 대해 어떻게 생각하는지 의견을 말하게끔 하는 것입니다. 여기서 의견은 중요합니다. 의견을 말하기 위해서는 문장 내용을 이해해야 하니까요. 내용을 이해하면 문제를 풀 확률도 높아집니다.

이처럼 문제를 세분화해 단계적으로 한 걸음씩 접근해 보세요. 숙련에는 단계가 필요한 법입니다.

두 번째 방법은 '장점을 살린다'입니다. 세키구치 씨의 자녀는 자존심이 강하고 지기 싫어하는 아이로 보입니다. 이런 아이는 '내가 잘할 수 있는 일에서는 최고가 될 거야'라는 경향을 보입니다.

이 방법을 말하면 "우리 아이는 공부에 소질이 없어요"라고 말하는 부모가 간혹 있습니다. 저는 그분들에게 말합니다.

"아직 아이의 재능을 찾지 못했을 뿐입니다."

모든 아이는 재능을 가지고 태어납니다. 그 말인즉슨 반드시 찾을 수 있다는 뜻입니다.

저는 지금까지 3,500명 이상의 아이를 만나 왔습니다. 그중 아무 소질이 없는 아이는 한 명도 없었습니다.

그렇다면 왜 많은 부모가 아이의 재능을 찾지 못하는 걸까요? 부모들의 대답에서 그 답을 찾을 수 있습니다.

저는 이따금 부모들에게 아이의 장점을 말해 달라고 합니다. 그럴 때마다 나오는 대답은 뻔합니다.

"영어를 잘해요!"
"수학을 잘해요!"

물론 이것 역시 아이의 장점입니다. 하지만 이런 식으로 장점을 구분하면 아이의 재능은 교과목이라는 틀에 한정될 수밖에 없습니다.

제가 생각하는 아이의 장점은 이런 교과목의 실력을 말하는 것이 아닙니다. 관점을 바꾸면 어떤 아이든 장점을 찾아서 발전시킬 수 있습니다.

예를 들면 다음과 같은 것들이 있습니다.

- **말을 잘한다.**
- **이야기를 잘 듣는다.**
- **글을 잘 쓴다.**
- **암기를 잘한다.**
- **관찰을 잘한다.**
- **친구들과 잘 지낸다.**
- **잘 가르친다.**

장점을 찾을 때는 남들에 비해 잘하는 게 아니라 자기 안에서 잘하는 것에 주목해야 합니다. "우리 아이는 아무것도 못해요" 하고 말하는 부모들은 남들과 비교 혹은 부모의 기준으로 아이를 판단합니다. 이런 관점이라면 아무리 노력해도 아이의 장점을 찾을 수 없습니다.

상대성이 아닌 절대성의 기준으로 장점을 찾아야 합니다. 앞의 예시들을 기준으로 아이의 장점 순위를 매겨 보세요. 반드시 1위로 꼽을 만한 아이의 재능이 나옵니다. 그것부터 키워 나가면 됩니다.

만약 아이의 특기가 말을 잘하는 것이라면 글의 내용을 읽고 어떻게 생각하는지 물어보세요. 다만 주의할 사항이 있습니다.

"이 문제에 대해서 이야기해 봐."

문제라는 단어는 아이에게 있어서 충분히 공부로 연결 지을 수 있는 단어입니다. 아이에게 공부는 시키는 것이고 하기 싫은 것이고 결국에는 싫은 것입니다. 따라서 문제 대신 다른 단어를 선택하는 게 좋습니다.

"이 이야기는 무엇을 말하려는 걸까?"

이런 식으로요.

이번엔 아이가 외우는 걸 잘한다고 해 봅시다. 이때도 공부 느낌이 나게 하면 안 됩니다. "지금부터 이 단어를 모두 외워 보자" 같이 말하는 순간 아이의 표정은 달라질 겁니다. 재미가 없을 테니까요.

제가 권유하는 방식은 게임입니다.

"지금부터 3분 동안 얼마나 외우는지 볼까? 기록에 도전해 보자."

자존심이 강한 세키구치 씨의 아이에게는 분명 이 방법이 통할 겁니다. 이후에 아이는 이 게임을 언급만 하면 재미는 물론이고 설렘까지 느낄지도 모릅니다.

만약 친구들과 잘 지내는 것이 특기라면 어떻게 해야 할까요? 친구를 집에 초대해서 함께 숙제하도록 하는 방법이 있습니다. 이렇게 하면 그동안과 환경이 달라지기 때문에 긍정적인 자세로 공부를 할 수 있습니다.

아이 자신의 절대적인 장점을 찾는 게 핵심입니다. 그것과 공부를 연계하세요. 아이도 서서히 변화된 모습을 보여 줄 겁니다.

〔 제4원칙 〕

부모는 성장이 멈췄지만 아이는 계속 성장한다

자신도 모르게 과거 시점에서 아이를 보는 부모들

저는 지금까지 3,500명이 넘는 아이와 보호자를 만나왔습니다. 이 경험을 통해 아이의 성장 속도를 부모의 시각이 따라가지 못한다는 사실을 알게 되었습니다. 다시 말해 부모는 아이의 신체적 성장은 알아차리지만 정신적 변화는 인지하지 못해 잘못된 대처를 한다는 의미입니다.

갑작스러운 반항, 말대꾸 등 시키는 대로 하지 않는 달라진 아이의 행동은 부모 입장에서 매우 당황스럽습니다. '분명 예전에는 시키는 대로 잘 따랐는데 우리 아이가 왜 갑자기 변했지?'라고 생각합니다. 이 시점에서 부모자식 간에 신경전이나 말다툼이 생깁니다. 결국 부모는 강요하고 야단쳐서 억지로 따르게 만듭니다.

[제4원칙]
부모는 성장이 멈췄지만 아이는 계속 성장한다

어쩌면 가시 돋친 말처럼 들릴지도 모르겠습니다. 하지만 잘 생각해 보면 부모의 육체적 성장은 이미 오래전에 멈췄습니다. 실례일지도 모르지만 정신적으로 아이만큼 변화를 기대하기도 힘듭니다. 반면 아이는 하루가 다르게 몸과 마음이 성장하고 변해 갑니다.

이 사실을 빨리 인지하지 못하면 시간이 흐를수록 이상과 현실의 차이가 커질 수밖에 없습니다.

대부분의 부모가 자신도 모르게 '예전에는 이랬는데' 하며 과거 시점에서 아이를 봅니다. 그러고는 예전과 다르면 위화감이나 불안을 느끼고 예전 모습으로 되돌리

려고 합니다. 이는 아이가 성장하기 전 상태로 돌이키려는 행동이라고밖에 볼 수 없습니다.

부모는 아이를 다른 형제자매와 비교하는 잘못도 범합니다. '형은 잘하는데 동생은…', '똑같이 키웠는데 어쩜 이렇게 다를까?'라고 생각하기도 합니다. 그런데 다른 것은 너무도 당연합니다. 오히려 똑같다면 문제입니다.

부모들 역시 잘못인 줄은 알 거라 생각합니다. 그럼에도 남들과 비교하거나 예전 모습과 비교하는 것은 어쩌면 인간의 천성인지도 모릅니다.

이런 천성을 타고난 우리가 이 타이밍에서 해야 할 것은 인식입니다. 부모와 아이는 성장 단계가 전혀 다른 존재이며 형제자매 간에도 다르다는 인식 말입니다.

Tip 1

발달 단계에 따른 아이의 특징

[초등학교 저학년]

초등학교 저학년 때 아이들은 유아기의 특징도 남아 있지만 어른이 안 된다고 하면 안 된다고 생각하는 경향이 있습니다. 옳고 그름을 판단하지만 어른의 말을 토대로 합니다. 언어 능력이나 인식 능력도 발달해서 자연환경 등에 관심도 커지는 시기입니다.

[초등학교 고학년]

초등학교 고학년이 되면 유아기를 벗어나 주변의 일을 어느 정도 대상화해서 인식할 수 있게 됩니다. 대상과 거리를 두고 분석할 수 있으며 지적 활동도 훨씬 세분화해서 추구합니다. 자신의 일도 객관적으로 판단할 수 있습니다. 단 발달에 따른 개인 차가 현저합니다.

신체도 크게 성장하고 자기 긍정감도 가지는 시기이지만 발달의 개인 차로 자신을 긍정적으로 받아들이지 못하고 열등감에 빠지기 쉬운 시기이기도 합니다.

[중학교]

사춘기가 시작되고 부모나 친구와는 다른 자신만의 독자적인 내면세계가 있음을 인지하는 시기입니다. 동시에 자의식과 객관적 사실 간 차이에 대해 고민하는 때이기도 합니다. 아이는 다양한 갈등 속에서 나만의 삶의 방식을 모색합니다. 이때부터 어른과의 관계보다는 친구 관계에 더 큰 의미를 둡니다. 또한 부모에 대한 반항기를 맞이하면서 부모자식 간의 커뮤니케이션이 줄어듭니다.

출처: 아이의 발달 단계별 특징과 중시해야 할 과제, 일본문부과학성 (http://www.mext.go.jp/b_menu/shingi/chousa/shotou/053/shiryo/attach/1282789.htm)

공부하고 싶은 환경을 만드는 방법

제3원칙에서 살펴본 게임에 빠진 아이 사례와 언뜻 비슷해 보일지도 모르겠습니다. 그래서 이번엔 다른 관점에서 접근해 보겠습니다.

내담자

이케다 씨:

안녕하세요. 저는 세 아이의 엄마예요. 제 고민의 대상은 초등학교 2학년인 아들입니다. 형이랑 여동생과 달리 이 아이의 행동이 자꾸 눈에 밟히네요.

이 아이는 노는 걸 너무 좋아해서 유튜브나 게임만 해요. "공부해!"라고 하면 처음에는 말을 들어도 집중하지 못하고 금세 다른 것에 흥미를 보여요. 몇 번씩 주의를 줬는데도 이런 상황이 되풀이되네요. 그러다 보니 제가 큰소리로 화를 내곤 하는데 한 번도 빠짐없이 반항했어요. 그 모습에 저는 또 화가 치밀어 오르고요.

학원에도 보내 봤지만 마찬가지예요. 도무지 어떻게 해야 할지 모르겠네요. 저도 더 이상 화를 내고 싶지 않아요. 어떻게 하면 될까요?

저자

이케다 씨가 가장 먼저 알아야 할 것은 초등학교 2학년 아들의 상태가 그다지 특별하지 않다는 사실입니다.

초등학생이 놀기 좋아하는 것은 당연합니다. 그 무엇보다 놀기는 중요합니다. 오히려 초등학생이 놀기 싫어한다면 그것이 더 문제입니다.

상담 내용으로 들어가 보죠. 이케다 씨는 아이가 유튜

브나 게임만 하고 공부에는 집중하지 못하는 점, 한 번도 빠짐없이 반항한 점 때문에 화를 내고 있습니다. 좋지 않은 상황이지만 특별한 상황도 아닙니다. 많은 가정에서 보이는 장면이니까요.

해결책을 생각하기 전에 어디에 문제가 있는지부터 따져 보죠. 참고로 게임에 대한 대처는 제3원칙에서 다뤘습니다. 여기서는 조금 더 깊이 파고들어 다른 측면에서 살펴보겠습니다.

부모는 아이가 바뀌기를 바라며 이런저런 방법을 강구합니다. 하지만 쉽지 않죠. 열심히 노력했는데 아무 결과물이 없습니다. 좌절해야 할까요? 아닙니다. 부모는 아이가 바뀌는 게 해결책이라고 생각했지만 반대로 부모가 바뀔 수도 있거든요.

부모자식 간에는 무의식적으로 상하 관계가 설정되어 있습니다. 이런 상하 관계 속에서는 윗사람이 바뀌지 않으면 변화를 기대하기 어렵습니다. 회사의 상사와 부하 간 관계를 생각해 보면 이해하기 쉬울 겁니다.

이 사례의 근본적인 원인은 부모는 성장이 멈췄지만 아이는 계속 성장한다는 사실을 이케다 씨가 인식하지 못하고 있다는 점입니다. 만약 이 점을 자각하고 받아들이면 아이의 반항이나 말대꾸를 성장의 증거로 받아들일 수 있기 때문에 큰소리로 화를 내는 상황까지 생기지 않습니다. 오히려 어떻게 하면 아이가 즐겁게 공부하고 놀 수 있을까를 먼저 생각하게 됩니다.

이 대답에 많은 부모의 반발이 있을 것으로 예상됩니다. 이렇게 제게 쏘아붙이듯 말할지도 모릅니다.

> "뭐라고요? 부모는 집안일도 해야 하고 회사도 다녀야 하는데 아이는 맨날 말썽 피우고 놀기만 한다고요. 거기다 아이의 반항을 성장의 증거로 받아들이라고요? 공부를 봐주는 것도 힘든데 그런 여유를 부리며 살 수는 없어요."

맞는 말입니다. 과연 그렇습니다. 하지만 이런 상태가 지속되면 부모도 아이도 지칠 수밖에 없습니다.

그래서 개선이 필요합니다. 그 개선의 방법 중 하나가 윗사람이 생각을 바꾸는 것입니다.

그럼 구체적으로 어떻게 하면 될까요?

아시다시피 사람은 갑자기 바뀌지 않습니다. 따라서 일단 처음에는 의식적으로 정신적인 여유를 갖기 위한 시간을 가져야 합니다. 그럴 시간이 없다고 말할지도 모르겠습니다. 하지만 시간은 마음만 먹으면 얼마든지 낼 수 있습니다. 자신을 위한 시간을 일주일에 1시간만이라도 만들어 보세요.

저는 다년간 시간 관리 세미나를 열어 시간이 부족하다는 분들을 대상으로 시간 관리법을 지도해 왔습니다. 시간이 없다고 주장하는 많은 클라이언트가 제 세미나에 찾아왔습니다. 그러고는 얼마든지 시간을 만들 수 있다는 사실을 깨닫고 돌아갔습니다.

시간은 오롯이 본인의 의지로 관리할 수 있습니다. 삶의 여유를 찾을 방법으로는 뭐가 있을까요?

수첩을 활용할 수 있습니다. 수첩과 펜을 들고 다음

일주일을 어떻게 보낼지 계획을 짜 보는 겁니다. 이때 부정적인 생각을 갖지 않도록 유의해야 합니다. '이것도 해야 하고 저것도 해야 하는데' 하고 생각하면 정신적으로 점점 쫓기고 맙니다. 반대로 '어떻게 하면 즐길 수 있을까?', '어떤 새로운 변화가 있을까?'처럼 생각만 해도 설렐 수 있는 계획을 짜야 합니다.

다음의 예시가 도움이 될 수 있을 겁니다.

- **영화 감상이나 쇼핑 등 즐길 수 있는 일정을 하나라도 넣는다.**
- **일주일에 1시간은 보상의 시간으로 삼는다.**
- **일주일에 한 번은 가족의 외식 일정을 넣는다.**

구체적인 실천 방법은 다음과 같습니다.

step 1. 형제자매와 비교하지 않는다

이케다 씨는 세 아이 중 초등학교 2학년인 아들의 행

동안 눈에 거슬린다고 했습니다. 형제끼리 비교해서는 안 됩니다. 모두 개성이 다르기 때문에 비교는 의미가 없습니다. 아마 이케다 씨도 알고 있을 겁니다.

제3원칙에도 나왔지만 상대적 비교가 아닌 절대적 비교에 주목하는 것이 올바릅니다. 아이의 내면에서 얼마나 성장했는지, 어떤 장점이 있는지를 발견해야 합니다.

step 2. 공부하고 싶은 환경을 조성한다

부모가 공부하는 방법을 알고 있으면 도움이 됩니다. 그 지식으로 효과적인 교육이 가능하기 때문입니다. 하지만 이케다 씨의 사례는 먼저 공부하고 싶은 환경을 조성하는 편이 좋습니다. 부모가 가르친다고 해서 아이가 따를 것 같은 상황이 아니니까요.

공부하고 싶은 환경을 만드는 방법은 여러 가지가 있을 수 있지만 여기서는 제가 개발한 아이 수첩을 권하고자 합니다. 매우 간단하며 다음의 세 가지 과정만 밟으면 됩니다.

- **일주일 동안 할 일을 수첩에 적는다.**
- **할 일을 끝내면 빨간 펜으로 지운다.**
- **지운 만큼 포인트를 매겨 집계한다.**

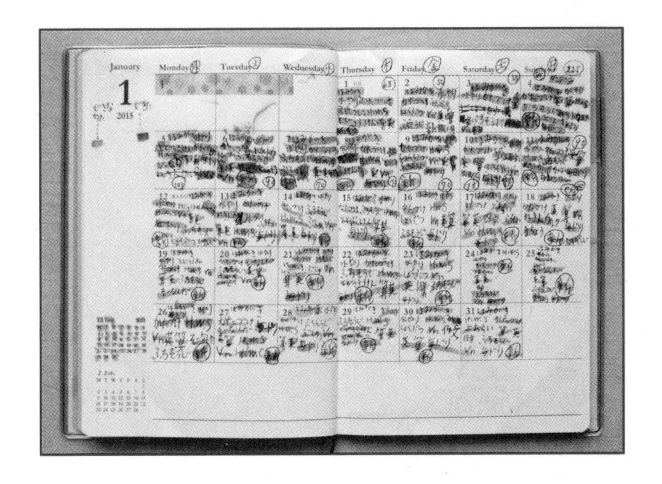

단순해 보이지만 아이 수첩에는 자신의 수첩을 가진다는 기쁨, 빨간 펜으로 지우는 쾌감, 포인트로 집계할 때의 달성감 등 동기를 부여해 주는 몇 가지 장치가 숨어 있습니다.

실제로 이 방법을 활용한 부모들에게 지금까지 공부하지 않던 아이가 180도 바뀌어 “더 공부하고 싶어!”라는 반응을 보이기 시작했다는 기분 좋은 경험담을 들었습니다. 간단하고 바로 시작할 수 있는 방법이므로 꼭 활용해 보기를 바랍니다.

부모는 교사가 아니며
집은 학교가 아니다

아이가 중학생 정도 되면 가정 내에서 크고 작은 문제가 생기기 마련입니다. 공부 때문에 부모자식 간에 생기는 다툼은 매우 흔한 일입니다. 그러다 보니 초등학교 때는 부모 말이라면 잘 들었는데 중학생이 되자 반항하기 시작해서 당황스러웠다는 분도 많습니다.

이런 경우 문제의 핵심을 어디서 찾아야 할까요? 또 부모는 어떻게 대응해야 할까요?

내담자

고미야마 씨:

안녕하세요. 저는 중학교 2학년생 딸을 둔 엄마입니다. 딸 때문에 고민이 있어요. 제 딸은 솔직하고 상냥한 게 장점인데요. 이상하게 공부 이야기만 나오면 저에게 으르렁대고 결국 다투고 마는 상황이 벌어지네요. 최근에도 제가 공부 이야기를 꺼내니까 버럭 하며 "나도 알아!" 하더군요. 그래서 저도 버럭 했어요. "모르니까 엄마가 말하는 거잖아!" 하고요.

딸아이는 시험 성적이 나쁘면 걱정하고 반성도 하지만 언제 그랬냐는 듯이 원래대로 돌아가는 습성이 있어요. 이런 점을 제가 지적하면 그저 "내가 제일 잘 안다고!" 하며 신경질을 내요.

딸아이는 일주일에 두 번 학원을 다니는데 그걸로 공부는 다했다고 생각하나 봐요. 평소에 공부와 담을 쌓고 살아요. 사실 요즘에는 다툼도 잦아서 서로 대화를 안 한 지도 꽤 되었어요. 저도 알아요. 제가 과하게 말을 한다는 거. 아무리 부모라도 지나친 잔소리는 조심해야 하는데 그게 쉽지 않네요.

무남독녀라서 일일이 다 챙겨 줬는데 그게 잘못이었을까요? 이런저런 생각으로 매일 불안해요. 지금 꾹 참으며 아무 소리 안 하고 있는데 이러다간 평생 공부하지 않을 것 같아 걱정이에요. 적절한 충고 부탁드립니다.

저자

고미야마 씨의 이야기를 들어 보면 지금까지 자신이 해 온 일을 잘 분석했다는 것을 알 수 있습니다. 고미야마 씨 입장에서는 이렇게 잘 분석했음에도 불구하고 아무런 변화가 없어서 불안하고 힘든 나날을 보내고 있었겠네요. 물론 아이도 부모의 잔소리로 커뮤니케이션이 원만하지 않아 힘들 겁니다.

그럼 고미야마 씨 상담 내용을 한 번 들여다볼까요?

"이상하게 공부 이야기만 나오면 저에게 으르렁대고 결국 다투고 마는 상황이 벌어지네요."

아이가 중학생 정도 되면 공부 때문에 부모와 자식 간에 싸울 확률이 매우 높아집니다. 이유는 간단합니다. 중학생은 '강요하는 일은 하지 않는다'는 제2원칙의 습성이 뚜렷하게 나타나는 시기이기 때문입니다. 부모가 시키면 따르던 초등학생 때와는 달리 중학생이 되면 바로 반항할 준비를 합니다. 이런 말이 있죠.

'부모는 교사가 아니며 집은 학교가 아니다.'

반드시 짚고 넘어가야 할 중요 포인트입니다.

"그 정도는 알아요!" 하고 말하는 분도 있을 겁니다. 하지만 생각과 달리 교사처럼 행동하는 부모가 많습니다.

"사실 요즘에는 다툼도 잦아서 서로 대화를 안 한 지도 꽤 되었어요. 저도 알아요, 제가 과하게 말을 한다는 거. 아무리 부모라도 지나친 잔소리는 조심해야 하는데 그게 쉽지 않네요."

대화할 때는 내용이 중요합니다. 즐겁게 이야기를 나눈다면 문제가 없지만 아무래도 고미야마 씨는 그렇지 않은 모양입니다.

이번 상담은 상당히 중요한 내용을 내포하고 있습니다. 바로 "알아요, 제가 과하게 말을 한다는 거"라는 부분입니다. 연장자가 어른스럽게 대응해야 하는데 서로 동등한 수준에서 대화하고 있는 셈입니다.

여기서 다시 앞서 살펴본 중요한 원칙을 떠올려 볼 필요가 있겠습니다.

[제4원칙]
부모는 성장이 멈췄지만 아이는 계속 성장한다

아이는 계속 성장하고 있습니다. 다시 말해 변화하고 있습니다. 아이가 건방지게 말대꾸하는 것은 성장의 결과이며 매우 기쁜 일이라고 생각해야 합니다.

"아무리 부모라도 지나친 잔소리는 조심해야 하는데 그게 쉽지 않네요. 지금 꾹 참으며 아무 소리 안 하고 있는데 이러다간 평생 공부하지 않을 것 같아 걱정이에요."

이는 제2원칙에서 살펴본 것처럼 부모가 강요하니까 하지 않는 케이스입니다. 오랜 기간 동안 형성된 습관이라면 하루아침에 바뀌지 않습니다. 다만 조금씩 줄여 나갈 수는 있겠죠.

오늘 하루 공부에 관련한 말을 10번 했다면 내일은 7번, 모레는 5번, 이런 식으로 숫자를 세면서 줄이다 보면 점점 잔소리하던 자신이 어처구니없었다는 생각이 들 겁니다.(자세한 내용은 뒤에서 설명하겠습니다.)

핵심은 부모자식 간의 신뢰 관계 회복입니다. 신뢰 관계는 커뮤니케이션의 양과 비례한다고 앞서도 설명했습니다. 일반적으로 신뢰하는 사람과는 대화를 자주 하고 대화할 때 호흡도 척척 맞습니다. 반면 자신과 성격이 맞지 않거나 비호감인 사람과는 대화 자체가 꺼려집니다.

재차 강조합니다만 커뮤니케이션은 단순히 말을 하는 행위가 아닙니다. 무엇보다 내용이 중요합니다. 이 점을 간과하면 신뢰 관계를 구축할 수 없습니다.

그럼 고미야마 씨의 경우 커뮤니케이션을 어떻게 해야 할까요? 지금까지 살펴본 내용을 복습해 보시죠.

"공부는 어떻게 하고 있어?"
"조만간 시험이지?"
"요즘 공부가 잘 안 돼?"
"학원에서는 잘하고 있니?"

옳은 예시일까요? 아닙니다. 잘못된 예시죠. 부모는 걱정해서 하는 말이지만 듣는 아이 입장에서는 쓸데없는 간섭일 뿐입니다. 이런 질문에 아이가 기분 좋게 답하기는 힘듭니다.

그럼 어떻게 말을 건네야 할까요? 다음을 참고해 봅

시다.

"오늘은 비가 올 것 같아."
"그러고 보니 오늘 말이야. 재미있는 사람을 만났는데 ○○ 했어."
"네가 좋아하는 ○○가 오늘 TV에서 이런 말을 하더라."
"요즘 사건사고가 많네. 등하굣길 특별한 일 없지?"

위의 예시는 아무 상관없는 화제를 대화거리로 삼고 있습니다. 그러나 이런 잡담이어야 부담이 없습니다. 날씨, 이웃 사람, 연예인, 뉴스 등등. 뭐든 상관없습니다. 아이가 관심을 가질 만한 내용이어야 대화가 훨씬 수월해집니다.

고미야마 씨의 자녀는 부모가 공부에 간섭하는 것이 극도로 싫습니다. 따라서 고미야마 씨는 학교나 공부 관련 이야기를 하지 않는 편이 좋습니다. 앞서 말했지만 부모는 교사가 아니니까요. 아이가 공부 이야기를 직접 할 때까지 잠자코 있어야 합니다. 이것이 철칙입니다.

Tip 2

해결책을 계속 유지하는 법

해결책을 제시하면 많은 부모가 '오늘부터 해 볼까?' 하고 생각합니다. 생각을 행동으로 옮기는 건 중요합니다. 이때 주의해야 할 점도 있습니다. 꾸준히 할 수 있느냐의 문제입니다.
실제로 많은 부모가 며칠간은 잘 실천하다가 다시 원래대로 돌아갑니다. 유지하기가 쉽지 않다는 것이죠.
그럼 어떻게 해야 계속 이어 갈 수 있을까요?

앞서 아이 수첩을 설명했습니다. 실제로 많은 부모가 이 아이 수첩으로 효과를 보고 있습니다. 그 이유는 간단합니다. 수첩이라는 눈에 보이는 수단을 사용하기 때문입니다. 부모는 자신이 매일 무슨 일을 했는지 한눈에 파악할 수 있습니다. 그리고 그 수첩을 통해 격려를 받기도 합니다.
제가 추천하는 방법 또한 수첩을 활용하는 것입니다. 수첩이 꼭 없

어도 괜찮습니다. 스마트폰에 능숙한 분이라면 관련 어플리케이션을 사용하면 됩니다. 관련 어플리케이션은 조금만 검색해도 무수히 많이 나옵니다.
대부분의 어른은 아이와 달리 수첩을 사용하는 습관이 길러져 있습니다. 새로운 습관을 몸에 익히기보다는 이미 가진 습관에 한 가지 요소를 추가하는 방식이 접근성 면에서 훨씬 용이할 겁니다.

우리가 할 일은 그저 수첩에 해야 할 일 혹은 하지 말아야 할 일을 매일 몇 번씩 했는지 기록하는 것뿐입니다. 한 예로 "공부해!"라는 말을 하루에 몇 번 했는지 기록하는 겁니다. 꼭 숫자로 적지 않아도 됩니다. 많이 했다면 X, 많이 하지 않았다면 △, 전혀 하지 않았다면 ○ 같이 기호로 표시해도 무방합니다.

다음처럼 긍정적인 생각을 습관화하는 방법도 있습니다.

- **아이와 대화 중 즐거웠던 일을 적는다.**
- **아이를 칭찬했다면 그 내용을 적는다.**
- **그날 이야기한 긍정적인 말을 기록한다.**
- **좋은 뉴스를 매일 하나씩 적는다.**

• 해피 리스트를 만든다.

결점에 주목하던 부모는 이 방법을 통해 장점에 주목하게 됩니다. 자연스레 주위 사람들과 관계도 개선되므로 꼭 실천해 보기를 바랍니다.

아이 교육에 있어서 정답은 없지만 오답은 있다

이번 사례는 앞서 다룬 사례들과 조금 다를 겁니다. 초등학교 5학년생을 둔 엄마의 사연으로 다소 구속력이 강합니다. 그 구속력이 행동으로 나타나기도 합니다. 아이만의 문제일까요?

사연 안으로 들어가 보시죠.

내담자

이토:

안녕하세요. 반항기의 어린 아들을 둔 엄마입니다. 아

이는 초등학교 5학년이에요. 아이는 번거로운 걸 극도로 싫어해요. 게다가 체념이 빠르죠. 숙제가 하고 싶지 않은 날이면 그냥 잠을 자요. 그렇게 하기 싫다, 할 수 없다며 울음을 터트리죠. 다음 날이라고 다르지 않아요. 뒹굴뒹굴 놀죠.

이런 아이를 보면 이따금 이성을 잃고 욕설을 퍼붓게 돼요. 그러면 아이는 듣기 싫은 소리를 들었다고 더 안 하겠다고 하고요. 물건을 던지고, 울부짖고… 이렇게 말하는 동안에도 힘드네요.

길고긴 씨름 끝에 저는 결국 아이를 숙제시키는 데 성공해요. 아이도 한동안은 침착하게 숙제를 하는 것처럼 보이죠. 하지만 채 15분을 가지 못해요. 그러고는 말해요.

"엄마, 내일부터는 잘할게."

그러나 다음 날도 같은 일이 반복돼요.

반성은 하지만 변하지 않아요. 자존심은 강한데 노력

을 하지 않죠. 이런 아들의 태도에 때때로 과한 행동이 나오기도 합니다. 어떻게 하면 아이를 변화시킬 수 있을까요? 조언 부탁드립니다.

저자

매일같이 힘든 상황을 맞이하고 있는 듯 보입니다. 동시에 자식을 어떻게든 이상적인 상태로 만들고 싶다는 마음도 느껴집니다. 이런 부모의 사랑을 받고 자라는 아이는 행복해야 합니다. 그러나 잘못된 부분이 있기 때문에 이 경우에는 부모와 자식 모두 괴로운 마음을 가질 수밖에 없습니다.

육아 · 가정교육에 있어서 정답은 없지만 오답은 있습니다. 다음 사례가 그 오답 중 하나입니다.

지금 부모가 직면한 문제의 대상은 자녀가 아닌 부모입니다. 정확하게는 부모의 감정 문제입니다. 부모가 자신의 감정을 제어할 수 없기 때문에 발생하는 문제입니다.

이 감정의 문제가 해결되지 않으면 아무것도 바뀌지 않습니다. "자녀의 기분을 이해하세요", "더 아이에게 다가가세요"라는 수준의 조언으로 해결될 문제가 아닙니다.

그럼 어떻게 하면 좋을까요? 답은 포기에 있습니다. 자녀에게 거는 기대, '이렇게 되어 주면 좋겠다'는 바람을 버리는 데 있습니다. 기대와 절망은 세트입니다.

이토 씨의 경우 끈질긴 아이가 되어 주면, 도전하는 아이가 되어 주면, 깔끔한 아이가 되어 주면 하는 기대를 버리는 것입니다. 그만큼 현재 이토 씨에게 놓인 상황은 심각합니다. 저도 웬만하면 포기라는 단어를 사용하고 싶지 않았습니다.

포기하면 어떻게 될까요? 아이의 상태가 더 심화된다고 대부분 생각할 겁니다. 하지만 그렇지 않습니다. 긍정적인 반대 현상이 일어나기 시작합니다.

전 매일매일 아이가 공부하는지 여부를 관리하는 어

머니를 만난 적이 있습니다. 그 어머니의 말버릇은 "제가 관리하지 않으면 안 돼요"였죠.

이윽고 아이가 커서 중학생이 되었고 자연스레 사춘기 · 반항기에 접어들었습니다. 당연히 부모의 강요에 반발하기 시작했죠. 그래도 그 어머니는 노력했습니다. 그 노력만큼 괴로워졌죠.

결국 그 어머니는 어떤 선택을 했을까요? 아이를 자신의 틀에 끼워 넣는 행동을 그만뒀습니다. 그러자 아이는 자주적으로 변했습니다.

조금이라도 포기할 수 있다면 꼭 시험해 보세요. 이왕이면 진심으로 포기해 보세요. 표면적으로만 포기한다면 원래대로 돌아가 버릴 겁니다.

이때 포기의 대상은 부모가 아이에게 거는 기대 심리입니다. 육아 자체를 포기하면 안 됩니다.

〔 제5원칙 〕

타이름이 우선, 야단이나 화는 비상시에만

화는 감정적이고
야단은 교육적일까?

이 책에 자주 등장하는 단어가 있죠. 바로 야단과 화입니다. 별반 차이 없는 단어들이기도 합니다.

이 단어들은 상황에 따라서는 필요한 행위입니다. 따라서 저는 부정적으로만 이 두 단어를 대하지 않습니다. 야단을 치거나 화를 내서 아이의 행동이 개선되었다면 전 옳은 행동이었다고 말할 겁니다. 하지만 개선은커녕 악화된다면 그 행위를 어떻게 평가해야 할까요?

아쉽게도 매일같이 전국에서 보내오는 상담 메일을

읽다 보면 야단과 화는 그리 효과를 보지 못하는 것 같습니다. 많은 어머니가 야단치고 화를 내도 아이가 전혀 변하지 않는다는 고민을 들고 저를 찾아옵니다.

아이가 바뀌지 않는 것은 물론이고 오히려 악화된다면 그 행위는 올바르지 않았다고 판단해야 합니다. 야단치면 칠수록, 화를 내면 낼수록 사태가 심각해진다면 다른 방법을 모색해 봐야 합니다.

그래서 제5원칙은 다음과 같습니다.

[제5원칙]

타이름이 우선, 야단이나 화는 비상시에만

일반적으로 화, 야단, 타이름은 다음과 같이 구분해서 사용합니다.

아이의 올바르지 않은 행동이 포착됩니다. 일반적인 상황이라면 타이르는 일이 우선입니다. 잘 깨닫도록 아이에게 이야기를 합니다. 대개 아이들은 나쁜 짓을 하면 스스로의 잘못을 인식하므로 처음에는 타이르는 것이 좋습니다. 타이른다는 행위는 감정을 억제하고 진지하게 문제점을 지적하는 것을 말합니다. 말로 알아듣게 한다는 의미지요.

하지만 아이가 한 사람으로서 도리를 어겼다고 가정해 봅시다. 부모 입장에서는 비상 상황입니다. 부모는 이 상황에서도 타이를 수는 없습니다. 부모가 선택할 길은 야단을 치거나 화를 내는 두 가지 갈림길뿐입니다.

많은 부모가 이 둘의 차이를 이렇게 구분합니다.

'화는 감정적이고 야단은 교육적이다.'

이 문장은 무엇을 의미할까요? 바로 좋고 나쁨의 구분입니다.

실제로 많은 부모가 감정적인 것은 나쁘고 교육적인 것은 좋다고 생각합니다. 그래서 화는 내서는 안 되지만 야단을 치는 행위는 된다고 생각하는 부모가 많은 겁니다.

하지만 저의 생각은 다릅니다. 야단을 치는 행위는 사람의 도리에 반하는 행동을 했을 때 해야 한다고 생각합니다. 화는 벼락이 치듯 일격에 잘못을 바로잡아야 하는 긴급한 상황일 때 하는 행위라고 생각합니다. 특히 화는 잘못 사용하면 나중에 큰 문제를 초래할 수 있어 그만큼의 각오도 필요하지요.

여기서 핵심은 화를 내는 대상이 사람이 아닌 행위여야 한다는 데 있습니다. 화를 내는 행위로 한 사람의 인격을 부정해서는 안 된다는 겁니다. 또한 화는 비장의 수단이지, 무턱대고 쓰는 도구가 아닙니다. 매번 화를 내면 나중에는 아무런 효과를 볼 수 없습니다. 인간은 적응하는 동물이니까요. 오히려 미움을 살 수 있으므로 주의하세요.

사소한 일에도
과민반응하지는 않나요?

이번 상담 사례의 주인공은 아이에게 항상 화를 내고 때로는 손찌검까지 합니다. 그만큼 상황이 나쁘다는 의미지요. 하지만 미리 말씀드리면 아이도 힘들기는 마찬가지입니다. 아니 어쩌면 어머니보다 더 힘들 겁니다.

내담자

이마이 씨:

안녕하세요. 초등학교 6학년인 사내아이의 엄마예요. 아이가 독자라는 이유로 너무 애지중지 키운 게 잘못이었을까요? 남들에게 의존만 하고 자기 스스로 하는 일이 없네요. 게다가 귀찮은 건 질색이라 뭔가를 진득하게 생각하는 것도 싫어해요. 한 예로 1학년 때부터 숙제를 봐줬는데 모르는 문제가 있으면 제가 문제를 풀 때까지 그저 손을 놓고 있어요. 제가 이런 아이의 모습을 보고 문제를 풀라고 하면 아이는 뭉그적거리다가 이내 울어 버려요. 그럼 저도 모르게 큰소리로 화를 내요. 최근에는 저도 모르게 손찌검마저 하고 말았네요.

분명 다 배운 문제일 텐데 어느새 잊어버리나 봐요. 특히 수학 문제는 풀이 과정을 이해할 생각을 하지 않다 보니 서술형 문제는 아예 풀지 못해요.

벌써 6학년이에요. 본인 스스로 생각하는 습관을 기르게 하려면 어떻게 해야 할까요?

저자

아이가 어떻게든 본인 스스로 생각하고 행동했으면 좋겠다는 어머니의 마음은 충분히 이해합니다. 하지만 접근법이 잘못될 경우 사태는 악화될 뿐입니다.

먼저 이마이 씨의 접근법을 살펴보겠습니다.

이마이 씨는 아이가 스스로 생각하지 않고 심지어 귀찮아 하기 때문에 화가 났습니다. 최근에는 손찌검까지 하고 말았습니다. 상담 내용을 보면 아이 스스로 생각하지 않는다는 표면적인 현상이 문제의 발단처럼 보입니다. 하지만 문제의 본질은 다른 데 있습니다.

저는 다음 세 가지에 가능성을 두고 있습니다.

- **부모의 기대치가 높다**
- **아이 스스로 하도록 가르치지 않았다**
- **타일러야 할 타이밍에 야단을 치거나 화를 냈다**

• 부모의 기대치가 지나치게 높다

부모가 원하는 이상적인 모습이 되기 위해서는 일정한 단계가 필요합니다. 이마이 씨가 일정한 단계를 거쳤을까요? 아마 아닐 겁니다. 분명 갑자기 바뀐 아이의 행동에 본인 역시 아이의 태도를 갑자기 바꾸고자 했을 겁니다. 이는 기대치 때문입니다.

많은 부모가 말합니다.

"저는 아이에 대한 기대치가 높지 않아요. 당연하고 최소한의 수준이라고 생각해요."

아이 입장에서도 그럴까요? 아이는 지나치게 높은 기대치라고 느낄 가능성이 높습니다.

• 아이 스스로 하도록 가르치지 않았다

아이가 귀찮아 하는 이유는 지금까지 스스로 해 본 일이 없기 때문입니다. 그동안에는 뭐든 부모가 대신해 줬습니다. 어쩌면 아이는 부모가 없는 상황에서 어떤 일이든 주도적으로 할 수 없을지도 모릅니다.

• 타일러야 할 타이밍에 야단을 치거나 화를 냈다

어머니는 정말로 힘듭니다. 육아와 가사를 도맡아서 하는 것만 해도 힘든데 직장도 다녀야 합니다. 그야말로 혼자서 여러 일을 하는 셈입니다. 이런 상황에서 아이나 남편이 말을 듣지 않으면 당연히 푸념과 불만이 쌓일 수밖에 없지 않겠습니까? 그래서 사소한 일에도 날카로워지기 일쑤입니다.

다른 한편으로는 비상 상황도 아닌데 화를 내거나 야단을 친다는 것은 이성보다 감정이 앞선다는 증거입니다. 이를 방치하면 감정이 폭발해 컨트롤할 수 없는 지경에 이릅니다.

때로는 야단치고 화내는 일이 부모가 해야 할 일 중 하나라는 착각에 빠지기도 합니다. 즉 이런 상황이 이어지면 부모는 물론이고 아이의 정신 건강에도 해롭다는 것을 명심해야 합니다.

이제 해결책을 말씀드리겠습니다.

먼저 기대치가 지나치게 높은 부모가 변하는 방법은 생각의 전환밖에 없습니다. 한 걸음씩 천천히 바꾸자는 생각을 해 보세요. 앞서도 언급한 내용이지만 복습할 겸 말해 보겠습니다.

아이는 수학 문제를 잘 풀지 못합니다. 이런 아이에게는 우선 서술형 문제는 제외하고 계산 문제만 집중시키는 겁니다. 아이의 학년보다 한두 단계 낮은, 쉬운 수준의 문제로 구성해서요.

이렇게 하는 이유는 아이로 하여금 '할 수 있다'는 자신감을 키워 주기 위함입니다. 자신감이 생긴 아이는 문제 풀이에 재미를 붙입니다. 재미가 붙었다 생각했을 때 부모는 퀴즈나 놀이를 통해 이 재미를 극대화시킬 수 있습니다. 이렇게 어느 정도 안정세에 접어들었을 때 한마디를 건넵니다.

> "수준을 높이고 싶니? 그러려면 서술형 문제도 풀 수 있어야 해."

흥미를 가지게 하는 하나의 연출입니다. 그런데 이쯤 되면 풀 수 있다고 생각했던 아이가 풀지 못합니다. 이때 부모는 실망만 해야 할까요? 아닙니다. 풀지 못하는 아이에게 힌트를 하나씩 주면서 단계별로 스스로 풀 수 있게끔 해야 합니다. 성취감은 이 과정을 통해서 생겨납니다. 아이에게 우리는 성취감을 차근차근 심어 줘야 합니다.

아직 간단한 수준이지만 한 문제씩 풀 때마다 칭찬을 받은 아이는 '혹시 내가 천재가 된 건가?' 하는 착각을 하기도 합니다. 실제로 이 착각은 머지않아 현실이 되어 문제를 잘 푸는 아이로 만드는 긍정적인 요인이 됩니다.

두 번째, '아이 스스로 하도록 가르치지 않았다'의 해결책은 스스로 할 수 있는 환경을 만드는 것입니다. 이 또한 앞서 살펴본 내용입니다. 복습 겸 다시 말씀드리겠습니다.

아이가 어릴 때는 혼자서 할 수 있는 일이 많지 않기 때문에 부모가 보살펴 줍니다. 하지만 그 보살핌의 기간이 길어지다 보면 아이는 부모가 해 주는 게 당연하다고 생각하고 스스로 행동하지 않습니다. 그래서 막상 아이에게 무슨 일을 시키면 귀찮은 일로 간주하고 좀처럼 말을 듣지 않는 것입니다.

이런 상황에서 효과적인 활용법은 역시 앞서 말했던 아이 수첩을 활용하는 것입니다. 아이 수첩은 하고 싶지 않거나 귀찮은 일을 하게 하고, 공부에 습관을 붙이게 하는 효과적인 방법입니다.

마지막 세 번째, 타일러야 할 때 야단을 치거나 화를 내는 부모의 해결책은 감정이 앞서지 않도록 미연에 방지하는 것입니다. 알고 있습니다, 말은 쉽다는 거. 그럼에도 해야 합니다.

타이름, 야단, 화를 사용하는 상황이 각각 다르다고 말씀드렸습니다. 타이르기부터 시작해서 사람의 도리를 못했을 때 꾸짖고, 지금 이 순간 주장하지 않으면 평생 후회할 것 같을 때 화를 낸다고도 말씀드렸습니다. 이 말에 많은 분이 다음과 같이 말합니다.

"감정이 앞서는데 어떻게 구분해서 사용해요?"

타일러야 할 일인데 자꾸 야단치거나 화를 낸다면 다

음의 방법들을 참고해 보세요.(이 방법은 안도 슌스케의 『첫 분노 관리 실천 북』을 인용했습니다.)

- **6초간 기다린다.**
- **물을 마신다.**
- **그 자리를 떠난다.**
- **얼마나 화가 났는지 기록한다.**
- **마음속으로 자신을 진정시키는 문구를 되뇐다.**

다만 위와 같은 방법은 야단치거나 화가 나려는 바로 그 순간에 대한 대처법에 지나지 않습니다. 사람은 어수선한 일상 속에서 화가 쌓이면 사소한 일에도 과민반응을 보입니다. 충동적인 야단이나 화를 피하려면 정신적인 여유가 있어야 합니다.

참고로 저는 정기적으로 쌓인 감정을 정리하고 휴식을 취하기 위해 일부러 시간 내서 찾는 공간이 있습니다. 구체적으로 말씀드리면 다음과 같습니다.

- 정기적으로 산에 올라 대자연 속에서 휴식을 취한다.
- 카페에서 집필한다.
- 허물없는 친구들과 담소를 즐긴다.
- 마음에 드는 식당에서 식사한다.

생각대로 되지 않는 것이 육아며 교육입니다

이 사례 속 아이는 익숙한 행동을 보입니다. 공부하라고 하면 화를 내거든요.

이 사례를 보며 어떻게 대처하는 게 옳을지 여러분 스스로 총정리 시간을 가져 보시기를 바랍니다.

내담자

고노 씨:

안녕하세요. 저는 중학교 3학년 남자아이의 엄마예요. 우리 애는 사회 과목이나 이과 쪽 과목에 흥미가 있어요. 신문도 자주 읽는 편이고 자료집이나 TV 퀴즈 프로그램도 좋아해서 상식이 풍부해요. 다만 수학이나 영어는 싫어하는지 공부하는 모습을 보지 못했어요.

저는 걱정스러운 마음에 공부하라고 하죠. 그러면 억지로 책상에 앉기는 해요. 근데 책상에 오래 붙어 있을 때는 다른 일을 하는 것 같아요. 해야 할 공부는 안 하고 딴짓을 하는 걸 마냥 두고 보기 힘들어서 잔소리를 좀 했더니 매일 큰소리가 오가는 상황까지 왔네요.

공부는 본인의 문제잖아요? 그런데 진로 이야기를 꺼내면 "알았어, 알았다고!"라는 말만 반복해요. 장래에 뭐가 될지… 걱정이네요. 저희 집은 3세대가 함께 살아서 할아버지, 할머니께도 혼나는 날이 빈번해요. 가정교사도 둬 봤는데 숙제조차도 억지로 하는 듯해요.

아무리 화를 내도 의욕을 보여 주지 않는 우리 아이. 제게 조언을 해 주면 좋겠어요.

저자

고노 씨의 아이는 해야 할 공부를 하지 않습니다. 그래서 고노 씨가 큰소리로 화를 내는 상황이 벌어집니다. 고노 씨뿐만 아니라 할아버지, 할머니도 아이를 계속 야단치니 아이 입장에서는 상상만 해도 답답한 지경일 겁니다. 이런 환경은 명백히 악순환을 초래합니다. 상황은 더더욱 악화되겠죠.

일단은 아이가 공부를 하지 않게 된 이유를 생각해 봐야겠습니다. 그 이유가 아이에게 있는지 아니면 주위 어른들에게 있는지 살펴봐야 하는 거죠. 확실한 건 화를 냈음에도 상황이 좋아지지 않았으니 방법은 잘못되었습니다.

제일 먼저 염두에 둬야 할 사항이 뭘까요? 바로 아이를 바꾸려고 하지 말고 부모가 바뀌어야 한다, 입니다. 이 외에는 방법이 없습니다. 부모가 바뀌면 아이도 바뀝니다. 아이만 바꾸려고 해서는 아무리 시간이 흘러도 문제를 해결할 수 없습니다. 어떤 부모든 본인이 그리는 이상적인 아이의 모습이 있을 겁니다. 하지만 생각대로 되지 않는 것이 육아며 교육입니다.

저는 육아나 교육에 원리 · 원칙이 있다고 생각합니다. 즉 가장 중요한 원칙만 지키면 문제는 커지지 않습니다. 그중 일부가 이 책에서 다루는 다섯 가지 원칙입니다.

이 책에서 다룬 원칙을 중심으로 고노 씨의 문제를 살펴봅시다.

먼저 제1원칙입니다. '가치관이 똑같은 사람은 없다.' 부모가 아이의 가치관을 인정해야 하는데 고노 씨에게서 이런 모습은 조금도 찾아볼 수 없습니다.

제2원칙도 동일 선상에서 말할 수 있겠습니다. '강요하는 일은 하지 않는다.' 고노 씨는 공부하라는 말을 서슴지 않고 했습니다. 하지만 "공부해!"라는 말은 여러 번 강조했듯이 절대 해서는 안 되는 말입니다. 굳이 설명할 필요가 없다고 생각합니다.

다음은 제3원칙입니다. '누구나 최소한 3가지 장점을 가지고 있다.' 고노 씨의 자녀는 사회 과목과 이과 쪽 과목에 관심이 많습니다. 발전시킬 재능이 뚜렷합니다. 게다가 이 분야들은 상식을 가져다주기까지 하니 매우 칭찬할 만합니다. 이런 아이에게 고노 씨는 뭐라고 말해야 할까요?

"상식은 매우 중요해. 언젠가는 쓸모가 있을 거야."

장점을 인정하는 식으로 말을 거는 것이 중요합니다. 아마 지금껏 고노 씨는 "아무리 상식이 풍부해도 시험 성적이 안 올라가면 의미 없어" 하고 말했을지도 모릅니다. 하지만 지금부터 달라지면 됩니다. 다만 억지로 칭찬하지는 마세요. 아이가 관심을 보이는 분야에 흥미 있다 정도로만 아이와 대화하는 게 좋겠습니다.

제4원칙인 '부모는 성장이 멈췄지만 아이는 계속 성장한다'는 언급만 하고 지나가면 될 듯싶습니다. 아이의 변화를 인정하고 존중하세요.

마지막으로 제5원칙입니다. '타이름이 우선, 야단이나 화는 비상시에만.' 먼저 화를 내지 말고 타일러 보세요. 어쩌면 이제 와서 타일러 봐야 소용없어요, 라고 생각할지도 모르겠습니다.

이럴 때는 믿을 수 있는 제3자에게 부탁해 보는 방법이 있습니다. 제3자는 아이 입장에서 선택해야 합니다. 명심하세요. 부모가 믿을 수 있는 사람이 아니라 아이가 믿을 수 있는 사람이어야 합니다.

Tip 3

감정을 컨트롤하려 하지 말고 사용하는 말을 바꾸자

말에는 힘이 있고 에너지가 있습니다. 사람을 격려하고 힘을 북돋아 주는가 하면 자신감을 순식간에 상실하게 할 수도 있습니다. 특히 부정적인 말의 힘은 매우 강력합니다. 부정적인 말이란 푸념, 불평불만, 질투 등 들었을 때 기분 나쁘거나 심리적으로 위축되는 말입니다. 상대도 기분 나쁘지만 말을 하는 사람도 주변의 나쁜 일에 민감해집니다. 그러면 결국 생각도 부정적으로 치닫습니다.

따라서 오늘부터라도 부정적인 말은 삼가고 기분 좋게 하는, 긍정적인 말을 사용해 보세요.
말은 중독과 같아서 오늘부터 당장 사용하는 말을 바꾸겠다고 마음먹어도 자신도 모르게 어느새 부정적인 말을 하는 자신을 발견

할지도 모릅니다. 그럴 때는 어떻게 해야 할까요? 간단합니다. 의식해서 다시 바꾸면 됩니다. '역시 난 안 돼'라고 생각할 필요가 전혀 없습니다.

평상시 사용하는 말이 바뀌면 그 말을 듣는 상대방도 바뀝니다. 그 대상이 아이라면 자연스럽게 장점이 눈에 들어오기 시작합니다.

[화가 많이 쌓인 상태]

- **아이의 나쁜 점만 눈에 들어온다.**
- **화내고 야단친다.**

[사용하는 말을 바꾼 상태]

- **아이의 장점, 잘하는 일을 찾을 수 있다.**
- **서서히 야단치는 횟수가 줄어든다.**

아이는 부모의 칭찬에 자신감을 되찾고 더욱더 부모에게 인정받기를 바라게 될 겁니다.

이때 덩달아 아이의 자기 긍정감을 높일 필요가 있습니다. 아이의 자기 긍정감을 높이는 말 아홉 가지를 공유합니다.

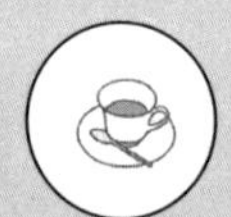

- 그렇구나!
- 대단해!
- 괜찮아!
- 역시!
- 몰랐어!
- 좋아!
- 도움이 되었어!
- 고마워!
- 기뻐!

아이의 정신연령과 실제 나이는 다르다

다음 사례는 앞의 사례들과는 조금 차이가 있습니다. 해결책도 앞에서 다룬 바가 없습니다.

아주 특별한 케이스인 탓에 이 사례에 한정해서 제6의 원칙이라는 표현을 썼습니다. 다음 사례를 보시죠.

내담자

시바타 씨:

안녕하세요. 저는 중학교에 다니는, 반항기가 한창인 남자아이의 엄마입니다. 반항은 이전부터 있었으나 지난봄에 특히 심해졌어요. 어느 정도냐면 항상 저와 싸우다가 뜻대로 되지 않으면 집을 나갑니다. 폭언 폭력은 기본이고요.

반항기와 맞물려 성적도 평균 이하로 많이 떨어졌어요. 그럼에도 아이는 전혀 신경 쓰지 않고 방학이면 매일 TV와 만화 삼매경입니다. 학교에서도 태도가 좋지 않은 모양이에요. 몇 번이나 불려가 교감 선생님께 지도를 받았습니다.

그럼에도 아이는 전혀 개의치 않은 듯해요. 언젠가 꿈이 뭐냐고 물었더니 없다더라고요. 대학에도 들어가지 않겠다네요. 만약 갈 생각이 있으면 그때 공부하겠다는데, 답답하네요. 이대로 게임에 빠져서 무기력하게 살아가게 될 것 같아 걱정입니다.

저자

상당히 상태가 심각해 보입니다. 시바타 씨가 불안해하는 것도 충분히 이해합니다. 어떻게 대응해야 할지 갈피를 못 잡고 있을 테지요. 아이는 사춘기와 반항기의

중간 단계로 보입니다. 아무리 설교하고 꾸짖어도 해결할 수 없습니다. 원인이 무엇인지 모르는 지금 상황에서는요.

아이를 야단치고 그로 인해 전쟁을 치르는 가정은 적지 않습니다. 전쟁이 되어 버리는 원인은 몇 가지로 구분할 수 있습니다. 그 몇 가지가 바로 앞서 이야기한 다섯 가지 원칙입니다. 하지만 하나 더 이야기할 필요가 있겠습니다.

[제6원칙]
아이의 정신연령과 실제 나이는 다르다

나이에 비해 정신연령이 높은 케이스도 있지만 대체로 나이에 비해 정신연령이 낮습니다. 지금까지 제가 직접 지도한 3,500명의 학생 중 정신연령과 실제 나이가 일치하는 경우는 매우 드물었습니다.

정신연령에는 다양한 정의가 있겠지만 이 경우에는

실제 나이에 비해 정신적으로 어림을 가리킵니다. 이 어림은 이야기가 통하지 않거나 앞을 내다보고 행동하지 않을 때 가장 잘 드러납니다.

얼마 전에 이런 이야기를 들었습니다.

사시사철 스마트폰만 만지는 중학교 1학년생의 이야기로, 이 아이는 약속한 시간을 지키지 않았습니다. 이에 부모가 설교를 시작했습니다.

부모: 앞으로 어떻게 하면 좋겠니?

아이: 용돈을 안 받을게요.

부모: 어? 전혀 의미가 다른데? 우리가 대화하는 이유는 네가 밤에 스마트폰에만 열중했기 때문이야. 이 행동에 대해 앞으로 어떻게 하면 좋을지를 묻고 있는 거야.

아이: 그럼 공부 중에 휴식 시간을 없앨게요.

아이는 습관적으로 쉬는 시간이면 스마트폰을 만지

기 때문에 휴식 시간을 없애면 해결된다고 생각한 듯싶습니다. 하지만 지금 화제와는 여전히 거리가 있습니다. 즉 이 아이에게는 부모의 의도가 전혀 전해지지 않았습니다.

시바타 씨는 몇 번이나 알기 쉽게 이야기를 해도 아이가 알아주지 않기 때문에 걱정되는 마음에 상담을 요청한 것입니다. 시바타 씨의 사례는 아이의 정신연령이 낮음을 나타낸 전형적인 예입니다. 부모가 표현하는 데 있어서 문제가 있을지도 모릅니다만 그렇게 말하기에는 아주 빈번하게 일어나는 문제입니다. 특히 게임이나 스마트폰에만 빠져 있는 아이는 앞을 내다보지 않고 행동하는 아이의 전형적인 예이기도 합니다.

시바타 씨는 아이가 중학교 1학년인 만큼 정신적으로 성장했을 거라 생각하고 이야기합니다. "너도 이제 중학생이니…" 같은 말을 자주 하는 이유이기도 하죠. 하지만 아이는 부모가 생각하는 만큼 정신적으로 성장하지 않은 경우가 많습니다. 이 차이로 계속 야단치는 상황이 생깁니다.

그럼 어떻게 하면 좋을까요?

답은 간단합니다. 아이의 연령을 머릿속에서 지우고 아이의 현재 정신연령이 몇 살 정도인지를 체크하는 것입니다. 중학교 1학년인 시바타 씨의 아이를 초등학교 3학년 정도로 생각해 대응하는 것입니다.

만약 유치원에 다니는 아이에게 스마트폰을 건네고 “10시까지만 해” 하고 말하면 아이는 10시까지만 할까요? 아마 계속 스마트폰을 쥐고 있을 겁니다. 10시에 빼앗아 버리면 아이는 울음을 터트릴 겁니다.

다소 극단적인 예입니다만, 아이는 부모가 생각하는 중학교 1학년생이 아니라는 것을 말하고 싶었습니다. 그저 초등학교 저학년 정도라고 생각하고 대응하는 것입니다. 아이는 앞을 내다보고 행동하는 게 아닙니다. 아직 자율적으로 할 수 있는 나이가 아닌 겁니다. 그렇다고 하나부터 열까지 아기처럼 다 챙겨 주라는 말이 아닙니다. 차근차근 정신적으로 성장하게끔 보호자의 입장에서 바라봐 줘야 한다고 생각하세요.

여기서 착각해서는 안 되는 것이 있습니다. 아이의 정신연령이 낮다는 게 문제는 아니라는 겁니다. 인간은 여러 종류가 있습니다. 성장 시기도 다양합니다. 대기만성형이라는 말이 괜히 있겠습니까? 대기만성형이 나쁘다면 많은 아이가 나쁜 아이로 성장해 있을 겁니다. 즉 이는 단순히 성장 단계의 문제입니다. 부모가 할 일은 성장 단계에 맞춰 대응하는 것입니다. 그럴 때 아이는 자신감을 갖고 정체성을 찾아갈 것입니다.

시바타 씨의 경우 아이는 아직 초등학생 정도로 자유 의지가 확립되지 않은 단계라고 생각하는 게 좋겠습니다. 그렇게 인식할 때 아이는 어떻게 대응할까요? 아마 적어도 지금과 같은 대응은 하지 않을 겁니다.

자유 의지가 확립되지 않은 단계라고 생각하되 아이 스스로 정체성을 확립할 수 있게끔 자기 관리를 해 주는 게 중요합니다.

자신감을 가지세요

지금까지 여러 사례를 살펴봤습니다. 단순히 화만 내서는 아무런 효과가 없다는 사실을 알게 되었으리라 생각합니다.

순서상 야단을 치기 전에 타이르는 것이 맞습니다. 그런데 많은 부모가 이렇게 말합니다.

"그게 가능하다면 이렇게 고생하지 않겠죠?"

생각해 보면 부모의 역할은 참으로 쉽지 않습니다. 누구에게나 통용되는 올바른 육아법·교육법이 있으면 좋겠지만 아쉽게도 없습니다. 이웃 아무개 씨가 효과를 봤다고 해서 우리 집도 효과를 보리라는 법은 없습니다.

그럼에도 희망의 말을 드리고 싶습니다. 대부분 아이를 생각하는 부모의 마음은 어떠한 대가도 바라지 않는 무상의 사랑입니다. 이런 마음만 있다면 아이도 분명 그 진심을 느낄 수 있다고 저는 생각합니다. 그러니 부모는 자신감을 가져도 됩니다.

지금까지 이 책을 통해 어떻게 하면 잘못된 방법을 피할 수 있는지를 살펴봤습니다. 위안을 드린다면 조금의 실수는 괜찮습니다. 완벽한 사람은 없으니까요. 많은 부모가 당장 눈앞에 보이는 아이의 나쁜 모습을 바로잡겠다며 잘못된 방법으로 아이를 대해 왔을 겁니다. 그래도 괜찮습니다. 지금이라도 수정하면 됩니다. 오른쪽 길이 틀렸다면 다시 왼쪽 길로 가면 되고, 이도 아니라면 똑바로 직진하면 됩니다. 그리고 때로는 멈추거나 뒤돌아가도 됩니다.

아이를 사랑하는 마음만 있다면 분명 해피엔딩이 기다리고 있을 겁니다. 그러니 자신감을 가지시길 당부드립니다.

마치며

남들과 다른 것이 우대받는 세상입니다

먼저 이 책을 끝까지 읽어 주신 분들께 감사드립니다.

책을 마무리하면서 꼭 드리고 싶은 말이 있습니다. 지금은 남들과 같기보다는 남들과 다른 것이 우대받는 세상이라는 것입니다.

고도 성장기였던 20세기는 대량생산 · 대량 소비를 기반으로 남들과의 동일성을 중시했습니다. 학교에서도 모든 학생이 똑같은 답안을 내도록 하는 교육을 지향했습니다. 당시 개성은 이상한 사람을 비유한 말이었는지도 모릅니다.

그러나 21세기가 되고 20년 가까운 시간이 흐른 지금 주위를 둘러보면 개성 강한 삶을 사는 사람이 존중받고 있습니다. 기업에서도 변혁, 개혁, 다양성, 과제 발견 등을 키워드로 삼고 있습니다. 지금까지 남들과 같은 생각을 하고 남들처럼 행동하는 것이 미덕이라고 교육받아 온 사람들 입장에서는 청천벽력과도 같은 키워드입니다. 그들은 이런 교육을 받아 본 적이 없을 테니까요.

테크놀로지와 AI(인공지능)의 눈부신 발전으로 우리 생활도 급속도로 변하고 있습니다. 앞으로 10년, 20년 후에는 산업구조 자체가 바뀐다고 예측하는 사람도 있습니다. 이런 예측은 더 이상 억지스럽지 않습니다. 오히려 실감할 수 있는 수준에 이르렀습니다. 지금까지 인간의 손길을 거쳐야 했던 일 중 누구나 할 수 있는 일은 테크놀로지로 대체될 가능성이 높습니다.

세상이 이런 식으로 변하면 누구나 할 수 있는 능력이

아니라 당신만이 할 수 있는 능력이 각광받을 수밖에 없습니다. 만약 당신이 누구나 할 수 있는 능력만 보유하고 있다면 "당신이 없어도 상관없어요. 대체 인력은 얼마든지 있으니까요"라는 말을 들을 수도 있습니다.

반면 "당신만이 할 수 있다"는 말은 다른 관점에서 생각하면 개성 또는 장점을 의미합니다. 이는 이 책의 제3원칙에서도 설명했듯이 그 사람의 장점에 주목하고 그것을 키우는 일이 중요한 시대라는 것을 의미합니다.

저는 30여 년간 교육 분야에서 활동해 왔습니다. 학원부터 학교 법인, 대학원에서 연구 활동, 강연, 마마 카페, 기업 연수 등까지 조금씩 영역을 넓혀 왔습니다. 그동안 경험해 온 교육 분야는 대부분 성적을 척도로 삼고 있었습니다. 요컨대 어떻게 하면 성적을 올릴 수 있는지에 집중했습니다. 하지만 저는 성적도 중요하지만 동시에 보다 더 우선해야 할 척도가 있다고 느꼈습니다.

자기다운 삶을 살면서도 경제적으로 안정된 삶을 사

는 친구가 있습니다. 이 친구를 볼 때마다 성적이 아닌 인간성이 척도인 교육이 정말로 중요하다는 사실을 실감하곤 했습니다. 배려심, 동정심, 자신만의 삶 추구 등과 같은 척도를 두고 삶을 사는 사람이라면 21세기의 테크놀로지가 발전한 세상에서도 자기다운 삶을 살 수 있으리라 생각했습니다.

미래의 주인공은 지금의 아이들입니다. 아이들이 저마다의 개성을 키우고 자기다운 삶을 살 수 있으려면 어른들이 아이들의 능력을 제한해서는 안 됩니다. 야단치기보다는 어떻게 하면 장점을 살릴 수 있을지를 고민하고 실천해야 합니다.

다음 말을 마지막으로 이 책을 마무리하고자 합니다.

"장점이 없는 아이는 없습니다. 어떤 아이든 크게 발전할 수 있습니다."

오늘도 아이에게
화를 내고야 말았습니다

초판 1쇄 인쇄 2019년 1월 30일
초판 1쇄 발행 2019년 2월 11일

지은이 이시다 가쓰노리
옮긴이 신찬
발행인 김승호
펴낸곳 프리즘
편집인 서진

편집진행 이병철
마케팅 김정현, 이민우

디자인 강희연

주소 경기도 파주시 문발로 165, 3F
대표번호 031-927-9965
팩스 070-7589-0721
전자우편 edit@sfbooks.co.kr
출판신고 2015년 8월 7일 제406-2015-000159

ISBN 979-11-88331-57-4 (03590)
값 13,000원

• 프리즘은 스노우폭스북스의 임프린트 출판사입니다.
• 프리즘은 여러분의 소중한 원고를 언제나 성실히 검토합니다.